Karin Schneider

232 × Katze

Sie fragen – wir antworten

Zeichnungen
von Oliver Eger

Ulmer

Inhalt

Einleitung

Die Katze ist mittlerweile der tierische Liebling in bundesdeutschen Haushalten. Natürlich liegt dies zuallererst an ihren zahllosen bezaubernden Eigenschaften, deren Beschreibungen ganze Bibliotheken füllen. Den unumstrittenen Platz eins verdankt sie aber auch ihrer unkomplizierten Haltung: Sie braucht täglich eine Dose Katzenfutter – warum hieße der dazugehörige Mensch sonst „Dosenöffner“? Sie lebt glücklich und zufrieden in der kleinsten Etagenwohnung und ist sowieso am liebsten allein. Doch

stimmt das wirklich? Ist diese viel gepriesene Genügsamkeit nicht vielmehr Ausdruck ihres außerordentlichen Anpassungsvermögens? Diese Fähigkeit und der Umstand, dass die Katze sich bei Kummer eher zurückzieht als sich bemerkbar zu machen, werden ihr allzu oft zum Verhängnis, denn natürlich benötigt sie Platz, anspruchsvolle Unterhaltung und sehr viel Zuwendung – gerade, wenn sie eingesperrt ist.

Auch sonst meint jeder zu wissen, was eine Katze braucht: ein Schälchen Milch, einen Kratzbaum, ein Körbchen und natürlich ein Katzenklo. Aber trinkt die Katze wirklich Milch? Und warum eigentlich geht sie, im Gegensatz zu anderen Heimtieren, auf die Katzentoilette? Vor allem – was tun, wenn sie es sich in dieser Hinsicht plötzlich anders überlegt? Und warum ist der Sessel so zerkratzt, obwohl der Kratzbaum gleich daneben steht?

Kann eine Katze immer mit dem Verständnis ihres zweibeinigen Mitbewohners rechnen? Oder kennt sie – die kluge Beobachterin – ihren Wohngenossen womöglich besser als umgekehrt? 232 Antworten, damit das nicht so bleibt.

Stimmt's oder stimmt's nicht?

Was hat es auf sich mit all den „Volksweisheiten“ und weit verbreiteten Überzeugungen in Hinsicht auf Katzen und ihre Haltung? Zuerst also eine kleine Überprüfung der Grundkenntnisse in allgemeiner Katzenkunde.

1
Katzen trinken
Milch!

Katzen mögen Milch, aber sie sollten sie nicht trinken, denn Frischmilch enthält Laktose, die bei erwachsenen Katzen Durchfall verursacht. Laktose ist Milchzucker und das wichtigste Kohlenhydrat in der Milch aller Säugetiere. Sie kann im Körper nur durch das Enzym Laktase abgebaut werden. Der Organismus von Katzenbabys produziert diesen Stoff,

der die Muttermilch für sie verträglich macht. Werden sie erwachsen, ist das Enzym nicht mehr erforderlich, da sie sich dann von Beutetieren ernähren, und seine Bildung im Körper wird eingestellt. Dieser Wandel des Stoffwechsels findet bei allen Säugern statt. Nehmen Mensch oder Tier allerdings fortgesetzt Milch zu sich, wird Laktase auch weiterhin gebildet, und die Milch bleibt verträglich. Erwachsenen Katzen sollte man lieber Joghurt, Frischkäse oder Quark geben, denn diese Produkte enthalten, weil sie vergoren sind, keine Laktose mehr. Dafür liefern sie viel Eiweiß, Kalzium, Zink, Kobalt und Vitamine (→ **23**) und schmecken Katzen meistens genauso gut.

2
Katzen schnurren,
wenn sie sich wohl fühlen!

Das Junge, das sich an die Katzenmama schmiegt, die Katze, die den Körperkontakt zum Menschen genießt, der sie streichelt oder auf dessen Schoß sie liegt, sie schnurren und vermitteln damit, dass es ihnen gut geht. Daher ist zu vermuten, dass dieser einzigartige Laut, über dessen Zustandekommen

noch immer gerätselt wird, nicht nur ein akustisches, sondern auch ein taktiles, durch den Tastsinn erfahrbares Signal ist. Aber auch ohne Körperkontakt und sogar in misslichen Situationen schnurren Katzen. Dann wollen sie beschwichtigen, signalisieren, dass sie in harmloser und freundlicher Absicht nahen. So schnurrt die Mutter, wenn sie zu ihren Jungen zurückkehrt, ranghöhere Katzen gegenüber rangniederen, ängstliche gegenüber möglichen Angreifern oder junge Katzen, wenn sie ältere zum Spielen auffordern.
Selbst wenn sie starke Schmerzen erleiden oder ihr Tod naht, schnurren Katzen. Damit teilen sie mit, dass keine Gefahr von ihnen ausgeht, und versuchen so, eventuellen Attacken vorzubeugen. Vermutlich aber beruhigt es sie auch und lindert den Schmerz. Zudem wurde beobachtet, dass Knochenbrüche bei Katzen viel schneller heilen als bei anderen Tieren. Möglicherweise wegen der Vibrationen, die das Schnurren auslöst.

3
Katzen sind **Einzelgänger!**

Eigentlich ja, aber ihnen ist auch eine gewisse Toleranz zu eigen und sie können wie Löwen soziale Verbände bilden, in denen individuelle Verbindungen unter den einzelnen Mitgliedern bestehen. Da springt dann auch mal eine große Schwester als Babysitterin ein. In Gegenden, die von besonders vielen Katzen bevölkert sind, kann man beobachten, dass sie sich abends an einem neutralen Platz regelmäßig einfinden und dort mit freundlichen Gesichtern beieinander sitzen, ohne dass es einen offensichtlichen Grund, etwa eine Fütterung, gäbe.
Eine Katze ist Artgenossen gegenüber umso verträglicher, je länger sie mit ihren Geschwistern zusammenblieb oder je mehr Katzen sie in ihrer Kindheit um sich hatte. (→ **79**, **80**,

81, **150**, **151**, **203**) Welch geschliffene Kommunikation Katzen pflegen und dass sie keineswegs griesgrämige Einsiedler sind, ist in den Fragen Nr. **115**, **116**, **117**, **118** und **119** erklärt.
Auch mit Vertretern anderer Arten können Katzen eine friedliche Koexistenz unterhalten. Man nimmt an, dass die einstigen Einzelgänger im Prozess der Domestikation dieses Vermögen erworben haben, denn um von den Vorteilen menschlicher Nähe profitieren zu können, mussten sie andere Haustiere notgedrungen in Kauf nehmen.

4
Katzen **sind falsch!**

Beißt die Katze nicht immer wieder die Hand, die sie streichelt? Tut sie, aber nicht, weil sie von boshaftem Charakter ist, sondern weil der unaufmerksame Mensch ihre Signale ignoriert. (➔ **159**, **199**) Die viel geschmähte Falschheit der Katze findet sich über Jahrhunderte in allerlei sogenannten Volksweisheiten, die sich glücklicherweise inzwischen überlebt haben.
Gleichwohl gelten die Samtpfoten noch immer als unberechenbar. Doch ist dies weniger der Natur der Katze geschuldet als einem lückenhaften Wissen um diese. Dass die oft irrational anmutende Feindseligkeit gegenüber den liebenswerten Miezen sich noch heute aus der tiefverwurzelten Angst vor dem „Teufelstier“ speist, lässt sich unschwer daran erkennen, wie schwer vermittelbar schwarze Katzen sind. (➔ **170**)

5
Katzen haben sich **selbst domestiziert!**

Die Legende von der Selbstdomestikation hat bei näherer Betrachtung des Herkunftslandes europäischer Hauskatzen – Ägypten – wenig Bestand. (→ **160**, **161**, **162**) Zwar wird das Halbwüsten- und Steppentier die Futterquellen in Menschennähe zu schätzen gewusst und auch gesucht haben, doch leisteten die alten Ägypter sicherlich ihren Beitrag zu seiner Domestikation. Im Land am Nil war das Halten und Zähmen von Wildtieren sehr beliebt und hatte eine lange Tradition, sodass kaum erklärbar wäre, warum ausgerechnet die so nützliche Katze nicht gezähmt worden sein sollte. Überdies erfuhr sie im Pharaonenreich über viele Jahrhunderte eine einzigartige Verehrung. (→ **165**, **166**, **167**) Allerdings haben die Ägypter Katzen nicht gezüchtet wie zahlreiche andere Tiere, denn die untersuchten Mumien weisen keine entsprechenden Veränderungen im Vergleich zur Wildform auf.

6
Katzen kann man in der **Wohnung** halten!

Kann man schon, aber die Wohnungshaltung ist nur eine Notlösung. Katzen haben scharfe Sinne, die verkümmern, wenn sie nur in einem so begrenzten Umfeld zum Einsatz kommen. (→ **87**, **91**, **93**, **96**, **97**, **98**) Das kluge Tier ist unterfordert und langweilt sich sehr, wenn sein Mensch nicht für anspruchsvolle Unterhaltung sorgt und seine Zuneigung zeigt. (→ **126**, **127**, **175**, **178**) Dies gelingt vielen Katzenhaltern allerdings so gut, dass ihre Tiere glücklich sind in ihrem Zuhause, auch wenn sie die Welt nur aus dem Fenster betrachten können. Gleichwohl sollten nie drohende Gefahren (→ Kapitel Gefahren) als Argumente gegen den Freigang ins Feld geführt werden: Katzen sind vorsichtig und meiden Trubel, Lärm und glücklicherweise meistens auch fremde Menschen – ihre größte Bedrohung.

7

Katzen sind stärker an ihr **Revier** gebunden als an ihre **Menschen!**

Das stimmt nicht. Katzen können eine sehr enge Bindung zu einem Menschen entwickeln, die enger sein kann als Bindungen zu Artgenossen, auch wenn ein solcher Vergleich schwerfällt. Eine Ursache hat dieses besondere Verhältnis sicherlich in der Mutterrolle, die der fürsorgliche Mensch aus der Perspektive der Katze einnimmt: Er ist viel größer, er gibt ihr Wärme, Schutz und Nahrung, er spricht und spielt mit ihr, seine Hände streichen über ihr Fell wie einst die Zunge der Mutter. Dem Menschen gegenüber bewahrt die Katze auch im Erwachsenenalter jenes Juvenilverhalten, das sich in Anhänglichkeit, Verspieltheit und Zutraulichkeit äußert und eine Grundbedingung für die Domestizierbarkeit von Tieren ist. Für eine Hauskatze, insbesondere für den Stubentiger, ist der Mensch das Zentrum der Welt wie die Katzenmama für das Katzenkind (➔ **156**, **175**, **178**, **180**, **183**, **191**), eine Wohnung ist nichts als ein Schauplatz (➔ **120**). Sicherlich gibt es Freigängerinnen, die in ihrem Revier wunschlos glücklich sind und nach einem Umzug immer wieder dorthin zurückkehren, doch liegt das womöglich eher an Nachteilen des neuen Reviers, in dem es vielleicht schon zu viele andere Katzen oder Störenfriede gibt.

8

Katzen kann man gut **allein lassen!**

Ein paar Stunden sicherlich. Doch auch wenn eine Katze sich ihren Kummer nicht von der Seele jault wie ein einsamer Hund, heißt das nicht, dass man sie jeden Tag acht Stunden allein lassen und dann auch noch das Wochenende auswärts verbringen kann, derweil die Miez bei Wasser und Trockenfutter ein tristes Leben fristet. Katzen sind sehr intelligent und brauchen viel Anregung, um nicht zu verkümmern. Wer den ganzen Tag außer Haus ist und seine Katze nicht hinauslassen kann, sollte immer zwei Katzen halten, damit sie in den einsamen Stunden nicht unter Langeweile leiden muss. Und wo eine Katze eine Zuhause hat, ist auch Platz für eine zweite. Und sie sprechen die gleiche Sprache!

9
Katzen sind **wasserscheu!**

Außer Tigern, Jaguaren und Bengalkatzen wird keine Katze freiwillig ein Bad nehmen und man sollte ihr niemals ein solches zumuten – warum auch? Katzen sind sehr reinliche Tiere, die weder gewaschen werden müssen noch dürfen. Ihr Fell würde seine Schutzfunktion verlieren. (→ **104**, **106**) Sind Katzen ans feuchte Element von klein auf gewöhnt, können sie allerdings Gefallen daran finden, wie Fritzi und so manche Türkisch-Van-Katze, die liebend gern ins Waschbecken oder in die Badewanne springen und mit dem rinnenden oder tröpfelnden Wasser spielen. Auch macht es Katzen überhaupt nichts aus, durch den Regen zu laufen. Schmitti, die ihre ersten Lebensmonate auf einem Segelschiff verbrachte, hat schon oft die Schwimmkünste ihrer Art unter Beweis gestellt: Manches Mal ist sie ins Wasser gefallen und hat sich selbst gerettet, indem sie über Taue und Fender wieder an Bord geklettert ist. Allerdings sind Katzen keine Ausdauersportler: Wenn sie ins Wasser fallen und keine Möglichkeit haben, sich ans Ufer zu retten, verlassen sie schnell die Kräfte und sie können ertrinken, selbst in der Badewanne oder im Koi-Teich.

10
Die dicke Katze braucht **Diät!**

Meine Katze ist zu dick!!! Diese Sorge machen sich viele Katzenhalter, deren Stubentiger tatsächlich solche sind und die eigenen vier Wände nie verlassen. Mittlerweile soll knapp ein Drittel der acht Millionen bundesdeutschen Hauskatzen zu dick sein. Nicht selten ergreifen ihre besorgten Menschen die vermeintlich nächstliegende Maßnahme: weniger füttern. Doch das ist wirkungslos. Katzen werden durch falsche Ernährung, Bewegungsmangel und Langeweile zu dick. (➔ **18**, **19**, **28**, **32**) Eine Rationierung des Futters hat nur eines zur Folge: Um Energie zu sparen, bewegen sich die Katzen noch weniger. (➔ **102**) In ihrem natürlichen Lebensraum ist dies eine sinnvolle Reaktion auf Nahrungsknappheit, eine Diät aber verläuft auf diese Weise erfolglos. Eine Nulldiät kann bei einer Katze sogar gesundheitsgefährdend wirken, denn ihr Organismus ist nicht darauf eingestellt. Daher sollte man unbedingt den Tierarzt um Rat fragen! Am allerbesten ist es allerdings, der Katze eine Möglichkeit zum Freigang zu bieten. Frei laufende Katzen sind (fast) nie zu dick.

11
Die Katze braucht ein **Flohhalsband!**

Viele Freigänger tragen Flohhalsbänder und ihre Halter hoffen, auf diese Weise die lästigen Biester fernhalten zu können. Doch davon ist abzuraten: Es ist der Katzengesundheit nicht förderlich, stets mit Gift in Kontakt zu sein, denn das Halsband – und sitzt es noch so locker – scheuert stets ein wenig Fell weg, sodass die Haut ungeschützt ist. Durch die Pfoten und durch Feuchtigkeit wird das Gift überdies im Fell verteilt, wo die Katze es bei der täglichen Wäsche mit der Zunge aufnimmt.
Besser ist es, bei akutem Befall ein Spot-on-Präparat beim Tierarzt zu kaufen. Die Flöhe bilden nach einiger Zeit Resistenzen gegen die handelsüblichen Mittel, auch weil diese manchmal nicht vorschriftsmäßig zur Anwendung kommen, sodass immer wieder andere Wirkstoffe entwickelt werden müssen. Der Tierarzt hat in der Regel die neuesten Produkte und kann bei der Auswahl beraten. Berücksichtigt werden muss nämlich auch der Allgemeinzustand der befallenen Katze. Ist sie geschwächt, sehr alt oder sehr jung, wird ein weniger belastendes Präparat verschrieben, das unter Umständen nicht so gut wirkt, aber die Plagegeister erst einmal abwehren kann.

12
Katzen gehen **an der Leine** spazieren!

Katzen, die einen Spaziergang auf Hundeart mitmachen, sind eine kleine Minderheit und zeichnen sich entweder durch eine sehr enge Bindung zum Menschen aus, wie man sie beispielsweise Siamkatzen nachsagt, oder sie sind ganz unerschrockene Charaktere. An einer Leine geführt zu werden, widerspricht der Natur der Katze zutiefst: Sie ist kein Rudeltier, sondern stets allein unterwegs. (➔ **114**, **115**, **116**) Die stillen Jäger schleichen sich an ihr Opfer heran, belauern es, bis sie, nach langer, geduldiger Beobachtung,

„zuschlagen“ und mit einem Biss töten. Ein Jagdgenosse würde zum Erfolg nicht beitragen, stattdessen um die Beute konkurrieren. Und wie sollten sie sich unbemerkt verständigen, wenn sie doch still und reglos im Verborgenen harren? Müssen Katzen ihre Beute verfolgen, haben sie schon verloren. Zwar bringt es eine Hauskatze auf die beeindruckende Spitzengeschwindigkeit von 48 Stundenkilometern, doch kann sie dieses Tempo nicht lange halten. Hunde dagegen hetzen ihre Opfer, da ist es nicht von Nachteil, im Rudel zu sein. Mit seinem menschlichen Rudel umherzustreifen, ist für den Hund daher die natürlichste Sache der Welt.

Ernährung

Katzenfutter? Kein Problem, die Auswahl der handelsüblichen Sorten ist riesig und für jedes Budget und für jeden Geschmack scheint etwas dabei zu sein. Doch – sollen der Katze tatsächlich nur Konserven „aufgetischt" werden? Und wenn ja, welche? Und was mag überhaupt die Katze?

13
Was **frisst** die Katze am liebsten?

Mäuse sind die Leibspeise der Katze und decken ihren gesamten Nährstoffbedarf. Die kleinen Nager bieten alles, was der Organismus einer Katze benötigt: hochwertiges Eiweiß und Fett, Mineralstoffe, Vitamine, Salze und Ballaststoffe in Form von Fell. Sogar der Magen der Katze ist auf diese Speise eingerichtet: In ihn passt genau eine Maus! Dennoch jagt und frisst die Katze noch einiges andere, was sich bewegt und nicht größer ist als sie selbst: Fliegen, Schmetterlinge, Käfer, Würmer, Spinnen, Eidechsen, Blindschleichen, Vögel, sogar junge Kaninchen und Fische. Nur um ausgewachsene Ratten macht sie lieber einen Bogen. Denn diese greifen an, wenn eine Flucht nicht mehr möglich ist. Einer solchen Konfrontation gehen die meisten Hauskatzen lieber aus dem Weg. Junge Ratten jagen sie dagegen sehr wohl und halten damit die Population klein.

14
Wie funktioniert das **Gebiss** der Katze?

Einen deutlichen Hinweis auf ihre Ernährungsweise gibt das Gebiss der Katze, das man wie bei allen Beutegreifern als Brechscherengebiss bezeichnet: Mit den großen scharfen Eck- oder Fangzähnen tötet sie ihre Beute, die sie mit den kleinen vorderen Schneidezähnen festhält. Auch beim Abnagen von Knochen sind diese sehr dienlich. Die Reißzähne in den Backen sind messerscharf und zerteilen das Fleisch, aber zum Kauen taugen sie nicht. Ein Pflanzenfresser benötigt daher Zähne mit einer großen flachen Oberfläche, um das Grünzeug zermahlen zu können.

15
Wieso kann die Katze ihre Beute mit **Haut und Haar** verschlingen?

Weil das messerscharfe Katzengebiss die Nahrung zerteilen, nicht aber zermahlen kann, bleibt der Happen nur so lange im Maul, bis er genügend von Speichel bedeckt ist, um dann hinuntergeschluckt zu werden. Nach hinten gerichtete Häkchen auf der Zunge helfen bei der Beförderung in Richtung Schlund. Anders als der Mensch, der gut kauen muss, damit sein enzymreicher Speichel schon im Mund beginnen kann, die Nahrung aufzuspalten, um so den Magen zu entlasten, hat die Katze keine Enzyme in ihrem Speichel. Diese Eiweiße, die das Verspeiste in chemischen Reaktionen in kleine Bausteine zerlegen, die der Organismus verwerten kann, beginnen bei der Katze frühestens im Magen zu arbeiten. Der produziert einen solch stark sauren Magensaft, dass er Fell, Knochen, Federn, Krallen, rohes Fleisch, Sehnen und Innereien mühelos bewältigen kann.

16
Wie funktioniert die **Verdauung** bei der Katze?

Im Magen wird das Eiweiß für die nächsten Verdauungsschritte zerlegt, andere Nährstoffe werden erst bei der weiteren Passage des Verdauungstraktes von den Enzymen des Dünndarms, der Bauchspeicheldrüse und der Leber verarbeitet. Über die Darmwände gelangen die Nährstoffe in den Körper, werden in Energie umgewandelt und auf dem Wege des Stoffwechsels zur Erneuerung der Zellen und somit des ganzen Körpers gebraucht.

Was der Organismus nicht benötigt, wird ausgeschieden. An diesem Prozess sind wie bei allen Säugetieren die Leber mit Galle und die Nieren beteiligt. Im Dickdarm schließlich werden die Reststoffe so konzentriert, dass sie als Kot abgegeben werden können.

17
Was frisst die **Wohnungskatze?**

Wenn die Katze ihr Leben ausschließlich als Stubentiger verbringt, hat sie selten Gelegenheit, ihrem liebsten Beutetier zu begegnen. Blindschleichen, Eidechsen und Kaninchen wird sie niemals sehen. Umso mehr muss der Mensch darauf achten, dass die Katze alle notwendigen Nährstoffe erhält. Nun sollte man meinen, dass der Fleischfresserin mit einem saftigen Steak bestens gedient wäre, aber das ist falsch: Eine kleine Maus bietet viel mehr als das größte Steak, sie ist eine ganze Vollwertmahlzeit. Neben den lebensnotwendigen tierischen Eiweißen, Fetten, Mineralien und Vitaminen liefert sie sogar Kohlenhydrate – Zucker, Stärke und Zellulose – in der einzigen Form, die Katzen bekommt: vorverdaut und nur in geringen Mengen. Katzen fehlen die Enzyme, um Kohlenhydrate selbst abbauen zu können.

All dies bietet ein Stück Fleisch von der Metzgertheke nicht. Handelsübliches Katzenfutter hingegen ist im Allgemeinen angereichert mit der richtigen Mischung all der Stoffe, die für die Katzengesundheit erforderlich sind. Allerdings gibt es hier Unterschiede, denn es kommt darauf an, aus welchen Quellen das Ausgangsmaterial für das Fertigfutter stammt und ob Bestandteile pflanzlichen Ursprungs enthalten sind, die der Verdauung der Katze nicht immer guttun. Angaben auf den Packungen geben Aufschluss und der Katzenfreund sollte sie gut studieren. (→ **18**, **19**)

18
Was ist drin im **Fertigfutter?**

In der Qual der Wahl des richtigen Futters – gleich ob Dosen- oder Trockenfutter – hilft zunächst die sorgfältige Prüfung der Etiketteninformation: Wie groß ist der Fleischanteil? Wie sind die Anteile der sonstigen Inhaltsstoffe? Sind ganze Fleisch- oder Fischstücke enthalten? Welche Zusatzstoffe sind angegeben?

Der Fleischanteil sollte natürlich möglichst hoch sein, die Menge tierischer Nebenerzeugnisse – im Zweifelsfall nährstofflose Abfallprodukte wie Federn, Schnäbel, Borsten, Hufe oder Krallen – dagegen gering. Kohlenhydrate, zum Beispiel Getreide und Soja, kann der Organismus einer Katze überhaupt nicht verwerten, wenn sie im Mäusemagen nicht schon aufgeschlossen wurden, sie belasten ihn nur. (→ **17**)

Die Sattmacher Zucker und Karamell, Konservierungsstoffe, Stabilisatoren, Emulgatoren und künstliche Antioxidanzien haben im Futter genauso wenig verloren wie Aromastoffe und Geschmacksverstärker. Solche Zusätze sind aber nötig, wenn die Miezen all das fressen sollen, worum sie normalerweise einen großen Bogen machen würden.

19
Wie erkennt man **hochwertiges Futter?**

Einen Hinweis auf Nahrhaftigkeit und Verdaulichkeit eines Futters gibt die Kotmenge: Je größer sie ist, desto minderwertiger das Futter. Es enthält zu viel Wertloses, das die Katze wieder ausscheiden muss. Bestenfalls sind diese Futterbestandteile wirkungslos, doch meistens schaden sie und rufen nur ein kurzfristiges Sättigungsgefühl hervor.
Der Geruch und das Aussehen der Ausscheidungen geben ebenfalls Aufschluss: Sie sollten dunkel und gut geformt sein und nicht übel riechen. Schlechter Geruch, heller, schleimiger oder auch zu trockener Kot deuten auf Verdauungsprobleme hin, die am Futter liegen können.
Als Faustregel gilt daher: Je geringer die empfohlene Futtermenge, desto besser die Qualität der Fertignahrung. So ist minderwertiges Futter, von dem man viel mehr füttern muss, noch nicht einmal billiger.

20
Sollte man das Katzenfutter lieber **selbst zubereiten?**

Kaum etwas spricht dagegen, das Futter für die Katze selbst zuzubereiten. Dies hat den Vorteil, dass man die Inhaltsstoffe kennt und sicher sein kann, seiner Katze alle chemischen Substanzen zu ersparen. Voraussetzung ist, einige Zeit zu opfern und sich sehr gut zu informieren, um die Katze trotz bester Absichten nicht der Gefahr der Mangelernährung auszusetzen. Für selbst zubereitetes Futter eignen sich handelsübliche Fleisch- und Fischsorten – Schweinefleisch und Fisch nie roh verfüttern (→ **22**, **29**) –, auch Muskelfleisch, Knochen und Innereien wie Leber, Nieren, Lunge, Magen, Tierfette wie Butter, Schmalz und Fischöl sowie Gemüse, zum Beispiel Möhren, Zucchini, Spinat oder Kürbis, auch Sprossen oder Keimlinge, und ganz selten ein klein wenig durchgekochter Reis, ferner Milchprodukte und Eier, wobei das Eiklar gekocht werden sollte.

Bei eigener Zubereitung sind Futterzusätze unverzichtbar: (Jod-)Salz, Taurin, Kalzium, Phosphor, Magnesium, Schwefel, Natrium, Kalium, Chlor, Eisen, Kupfer, Zink, Mangan, Selen und Kobalt muss die Katzennahrung enthalten. Alle notwendigen Mineralien und Vitamine gibt es als Ergänzungspräparate im Zoofachhandel. Kalzium lässt sich überdies prima aus Eierschalen gewinnen, die zerrieben übers Futter gestreut werden. Diese Beigaben müssen wohldosiert sein, zu viel ist genauso schädlich wie zu wenig. Auch das Verhältnis zueinander muss stimmen, sonst können ungünstige Wechselwirkungen entstehen. Unbedingt zu beachten sind dabei die natürlichen Vorkommen von Mineralstoffen und Vitaminen, die in den verfütterten Lebensmitteln enthalten sind.

Eine weitere Möglichkeit, die Katze einigermaßen artgerecht zu ernähren, bietet der Zoofachhandel, wo tote Eintagsküken, Mäuse und Ratten gefroren oder frisch verkauft werden.

21
Kann man Fertigfutter auch mit **frischem Fleisch** ergänzen?

Vielen Katzenhaltern wird es so gehen, dass sie für ihre Mieze im Alltag genauso wenig vollbringen, was sie für sich selbst nicht schaffen: täglich zu kochen. Auch der Vorsatz, eine größere Menge Futter vorzubereiten und einzufrieren, wird nicht immer zu realisieren sein. Man könnte aber zu einer ausgewogenen Kombination von möglichst hochwertigem Fertigfutter und frischem Fleisch finden. Wird der tägliche Futterbedarf zu 75 Prozent durch Dosen- oder Trockenfutter gedeckt, sind beim restlichen Viertel Frischfutter Nahrungszusätze nicht notwendig.

22
Was eignet sich als **frische Ergänzung** zum Fertigfutter?

Weil sie wichtige Nährstoffe enthalten und preisgünstig sind, eignen sich zur Zufütterung Rinder- oder Geflügelherz und Hühnerflügel. Herz enthält Taurin und Phosphor und ist als Muskelgewebe gut für die Zähne (➔ **56**), aber auch gekochtes Schweinefleisch (➔ **29**) eignet sich als Taurin-Quelle. Hühnerteile mit Knochen liefern Kalzium, Phosphor und Magnesium. (Jod-)Salz findet sich in Blut und Knochen. Bei Rinderherz, das in der Regel vorbestellt werden muss, empfiehlt es sich, eine größere Menge zu kaufen und in kleineren Portionen einzufrieren. Damit es nach dem Auftauen noch appetitlich ist, was auch Katzen zu schätzen wissen, kann man die einzelnen Stücke rundherum ganz kurz anbraten. So schließen sich die Poren, aber innen bleibt es roh und saftig. Wild und Lamm eignen sich ebenfalls, Kaninchen sowieso, weil es zum natürlichen Nahrungsspektrum der Katze gehört. Innereien enthalten viele Vitamine und Spurenelemente, doch Leber sollte auch die Katze nicht öfter als einmal die Woche bekommen, da das Entgiftungsorgan zu viele Schadstoffe enthält.

Aufgrund der Schadstoffbelastung der meisten Gewässer gilt das Gleiche für Fisch, der auch gern angenommen wird: zum Beispiel Süßwasserarten, Hering und Sardinen. Thunfisch und Makrele eignen sich ebenfalls als Katzennahrung. Man sollte Fisch kurz anbraten, denn in manchen Sorten ist eine Substanz enthalten, die im Katzenkörper Biotin, auch Vitamin H genannt, abbaut, welches wichtig ist für Haut, Fell und Krallen. Struppige Katzen, die in Fischereihäfen umherstreichen oder den Anglern zugucken, sind nicht vom Seewind zerzaust, sie fressen zu viel rohen Fisch.

23
Brauchen Katzen **Vitamine?**

Ja, auch Katzen brauchen Vitamine für ihren Stoffwechsel, das heißt zur Erneuerung von Haut, Schleimhäuten, Blut, Zellen und Knochen, für den Sehvorgang, die Blutgerinnung und vieles andere mehr: Vitamin A, das sie nicht wie der Mensch aus Beta-Carotin gewinnen können, die Vitamine D, E, K und verschiedene B-Vitamine. An Vitamin H oder Biotin mangelt es der Katze nicht, solange sie nicht vorwiegend mit rohem Fisch oder Eiklar gefüttert wird, denn beides enthält Stoffe, die Biotin abbauen. (→ **22**)

Vitamin C, Ascorbinsäure, produzieren Katzen in ihrer Leber aus Glukose selbst. Dazu sind zwei Enzyme nötig: Hexokinase und Glukokinase. Letzteres ist aber bei Katzen nicht so ergiebig, daher sind sie nicht so gute Ascorbinsäureproduzenten. Mäuse dagegen gewinnen ein Siebenfaches der Menge. Vielleicht hat die Natur es deshalb so eingerichtet, dass der Katzen liebste Beutetiere zugleich wichtige Vitamin-C-Lieferanten sind.

Da sich aber die moderne Hauskatze in den seltensten Fällen allein von Mäusen ernährt, könnte die Gefahr des Vitamin-C-Mangels bestehen. Es gibt Überlegungen, ob dieser Mangel Zahn- und Harnwegserkrankungen verursachen kann.

24
Soll die Katze immer das **gleiche Futter** fressen?

Diese Empfehlung wird öfter gegeben und damit begründet, dass der Katzenorganismus durch zu viel Abwechslung belastet werde. Doch da das Futter, unabhängig von verschiedenen Qualitätsstufen, mehr oder weniger stets die gleichen Inhaltsstoffe hat und auch bei Frischem das Spektrum der Möglichkeiten nicht überwältigend groß ist, erscheint eine solche Sorge grundlos. Überdies kann das natürliche Nahrungsspektrum einer Katze auch von Fisch bis Kaninchen reichen, und von einer Miez, die sich an einem ausnahmsweise erbeuteten Vogel den Magen verdarb, hat man noch nicht gehört.

25
Was tun, wenn die Katze **nicht frisst,** was in den Napf kommt?

Etwas anderes anbieten. Auch wenn Katzenhalter irgendwann zu wissen glauben, was das Beste für ihre Miez ist, wesentlich ist meist, was die Katze will: Das gesündeste Futter hat keinen Wert, wenn sie das Näschen rümpft. Und jeder Versuch, eine Katze zu zwingen, etwas zu fressen, das sie nicht will, ist zum Scheitern verurteilt. Auch wenn man den Napf 24 Stunden stehen lässt, wird sie allenfalls bei größtem Hunger lustlos das Allernötigste runterwürgen – und vorwurfsvoll jedem Bissen hinterherschauen, der im Mund ihrer menschlichen Mitbewohner verschwindet.
Unter den wählerischen Miezen gibt es zwei Typen: Entweder sie fressen nur eine einzige Art von Futter und sonst gar nichts oder sie wollen immer wieder etwas anderes, was häufiger vorkommt. Letzteres hat zweifellos Vorteile, zum Beispiel lassen sich Katzen, die nicht auf einen bestimmten Futtergeruch und -geschmack fixiert sind, viel leichter ein Medikament verabreichen – ein Kapitel für sich. (➔ **47**)
Die Vorlieben einer Katze werden zu einem großen Teil in ihrer Kindheit geprägt: Welche Nahrung für sie geeignet ist, lernt die Miez, wie vieles andere auch, durch Beobachtung ihrer Mutter und Nachmachen. Natürlich sollte das Futter immer frisch sein und nach Möglichkeit mehrmals täglich in kleineren Portionen gegeben werden. In der Natur fressen Katzen ihre Beute auch sofort. Außerdem verdirbt das Feuchtfutter im Sommer sehr schnell und belästigt sogar die menschliche Nase, wenn es länger steht.

26
Wie gewöhne ich meine Katze an ein **anderes Futter?**

Manche Katzen, die frisches Fleisch nicht von klein auf kennen, finden es zunächst wenig appetitlich und probieren es erst, wenn es angebraten ist. Diesen Gefallen sollte man ihnen tun. Meistens gewöhnen sie sich aber recht schnell an Frischfleisch.

Schwieriger ist es, von minderwertigem Fertigfutter auf ein gehaltvolles umzusteigen, das keine Aromastoffe und Geschmacksverstärker enthält. Zum Übergang empfiehlt es sich generell, das gewohnte Futter mit dem neuen zu vermischen und den Anteil des gewohnten immer weiter zu reduzieren.

27
Dürfen Katzen **rohes Fleisch** fressen?

Selbstverständlich, außer Fisch und Schweinefleisch. (➔ **21**, **29**, **55**) Ihr ganzes Verdauungssystem ist darauf angelegt, ein Tier ganz und roh zu verschlingen. Zwar ist das, was der Hauskatze des 21. Jahrhunderts an rohem Fleisch vorgesetzt wird, weit entfernt von ihrem natürlichen Nahrungsspektrum, doch meistens bedenkenlos in ungekochtem Zustand zu servieren. Geflügelknochen müssen beim Verfüttern sogar roh sein, weil sie nur dann elastisch sind. Beim Garen werden sie spröde, können splittern und zum Beispiel Speiseröhre, Magen oder Darm verletzen.

Dass manche Katzen gegartes Fleisch lieber mögen, beruht eher auf Gewohnheit oder dem persönlichen Geschmack, ist aber kein Hinweis darauf, dass rohes Fleisch widernatürlich oder gar ungesund wäre.

28
Was passiert, wenn eine Katze **schlecht ernährt** wird?

Die Folgen sind die gleichen wie bei Mensch und anderen Tieren: Sie fühlt sich nicht wohl, hat Verdauungsprobleme, das Fell wird stumpf, sie wird dick und anfällig für Krankheiten und entwickelt sogar Diabetes.
Ihr Verdauungssystem, das auf die optimale Verwertung eines ganzen Beutetiers ausgerichtet ist, reagiert störanfällig, wenn es zu viele Stoffe bewältigen muss, die es nicht bewältigen kann, zum Beispiel falsche Ballaststoffe, Kohlenhydrate in Form von Kartoffeln, Nudeln oder Zucker. Auch schlecht verdauliche Knorpel, Sehnen, Bindegewebe oder ähnliche Schlachtabfälle in größerer Menge können die gesunde Darmflora aus dem Gleichgewicht bringen, zerstören oder in den Dünndarm wachsen lassen, wo sie nicht hingehört. Falsche Ernährung über einen längeren Zeitraum führt zu Stoffwechselstörungen, die den ganzen Organismus beeinträchtigen und schließlich schädigen.

29
Warum dürfen Katzen kein **rohes Schweinefleisch** fressen?

In Schweinefleisch kann der Erreger der Aujeszky'schen Krankheit vorkommen, auch Morbus Aujeszky, Juckpest oder Pseudowut genannt, weil sie ähnliche Symptome wie Tollwut hervorruft. Der Erreger gehört zur Gruppe der Herpesviren, er wird beim Kontakt mit Schweinen oder durch deren Fleisch übertragen und ist für Menschen ungefährlich. Die Krankheit verläuft für Katzen immer tödlich und es gibt keinen Impfschutz gegen sie. Die Inkubationszeit beträgt zwei bis neun Tage, der Tod tritt maximal zwei Tage nach den ersten Anzeichen ein: Fieber, Erbrechen, Juckreiz, Apathie, Appetitlosigkeit. Aber auch ungewöhnliche Scheu und andere Wesensveränderungen können Alarmzeichen sein. Man kann seine Katze nur davor schützen, indem sie nie rohes Schweinefleisch zu fressen bekommt, somit auch kein

Mett, keinen rohen Schinken und keine Salami. Der Erreger wird allein durch Erhitzen abgetötet. Auch wenn die Seuche mittlerweile nur noch selten auftritt, weil die Schweinemastbetriebe weitgehend unter Kontrolle stehen, ist Vorsicht geboten.

30
Wie viel **Wasser** braucht die Katze?

Ihren Flüssigkeitsbedarf deckt die Katze zum größten Teil durch den Wassergehalt ihrer Beutetiere, der bei Warmblütern rund 70 Prozent beträgt. Verglichen mit einem Hund trinkt sie wenig, denn unsere Hauskatze stammt nicht von der Europäischen Wildkatze, *Felis silvestris*, ab, sondern von der in Afrika und auf der arabischen Halbinsel beheimateten Falbkatze, *Felis libyca*. Sie kommt also aus Steppen- und Halbwüstengegenden, wo sie sich mit sehr wenig Wasser begnügen muss. 30 bis 50 Milliliter täglich decken bereits ihren Bedarf. Wenn Katzen viel Trockenfutter bekommen, ist es allerdings sehr wichtig, dass sie mehr trinken.
Nimmt die Miez plötzlich deutlich mehr Wasser zu sich als gewohnt, ist dies jedoch immer ein Alarmsignal für eine Erkrankung. (→ **40**)

31
Warum trinkt die Katze aus der **Gießkanne?**

Da hat sie an ihrem Futterplatz einen Wassernapf, der immer frisches Wasser enthält, aber sie rührt ihn nur selten an, stattdessen trinkt sie liebend gern am laufenden oder tropfenden Wasserhahn, das abgestandene Wasser aus Gießkanne, Blumenuntersetzer und Zimmerbrunnen oder sogar aus der Toilettenschüssel.
Solche Vorlieben könnten ein Erbe ihres früheren Wüstendaseins darstellen, als sie jedes Wasservorkommen zum Trinken nutzen musste. Daher sollte man zusätzlich zum nor-

malen Wassernapf eine Gießkanne zugänglich machen – je größer desto besser. Natürlich darf kein Dünger darin sein, auch nicht in anderen frei zugänglichen Wassergefäßen!

32
Mögen Katzen **Süßes?**

Sie können es überhaupt nicht schmecken. Forscher haben herausgefunden, warum das so ist: Katzen besitzen zwar Geschmacksrezeptoren für Süßes auf der Zunge, wobei für die zwei Eiweißmoleküle, die für diese Sinneswahrnehmung zuständig sind, jeweils ein Gen vorhanden ist. Doch eine dieser beiden Erbanlagen tritt nur noch als Pseudogen auf, das kein Eiweißmolekül mehr bilden kann. Der Geschmacksrezeptor ist daher unvollständig und nicht mehr funktionsfähig. Dies ist nicht nur bei Hauskatzen zu beobachten, sondern auch bei allen Großkatzen. Es ist eine Mutation, ein Gendefekt, der bei den Beutefressern nicht ins Gewicht fällt, denn in ihrem natürlichen Nahrungsspektrum kommt die Geschmacksrichtung Süß nicht vor. So ist ihr Erkennen für sie nicht lebenswichtig, anders als beim Menschen, dem damit signalisiert wird: Das ist nicht giftig, das kannst du essen.

Man tut seiner Katze mit Süßigkeiten daher keinen Gefallen, im Gegenteil: Sie machen sie krank und dick. Da der Stoffwechsel der Katze nur aufgeschlossene Kohlenhydrate bewältigen kann (→ **17**), belastet Zucker Magen und Darm und greift die Zähne an. Schokolade ist sogar giftig, da sie Theobromin enthält. (→ **48**) Unsere Katzen interessieren sich übrigens nur für Streuselkuchen, genauer: für die Butter in den Streuseln.

33 Warum fressen Katzen **Gras?**

Mit ihrer Beute und bei der Fellpflege schlucken Katzen stets Haare, die im Magen landen, aber nicht verdaut werden können. Deshalb fressen sie gern harte und spitze Gräser, die den Magen dazu reizen, sich zu entleeren, sodass die Haare und andere unverdauliche Teile der Beute leichter herausgewürgt werden können. Gelingt dies nicht, können die Haarballen, die Bezoare, den Darm blockieren, mit schlimmen Folgen.

Auch nehmen Katzen mit dem Gras vermutlich Spurenelemente und Vitamine, vor allem Folsäure, zu sich.

Werden sie nur im Haus gehalten, freuen sie sich über Katzengras – erhältlich im Blumen- und Zoofachhandel. Sonst zupfen sie Gräser aus Blumensträußen oder fressen Zimmerpflanzen, von denen viele für sie giftig oder zumindest unverträglich sind. Miezen mit besonders dichtem, feinem Fell sollte man ruhig öfter bürsten – das mögen sie und es erleichtert ihnen die Fellpflege.

34 Warum sind Katzen so verrückt nach **Baldrian?**

Ein Stoffbeutelchen mit Baldrianwurzeln gefüllt, kann eine Katze in Ekstase versetzen. Sie tobt mit dem Objekt ihrer Begierde durch die Wohnung, beißt hinein, reibt immer wieder Wangen und Kinn daran und kann gar nicht davon lassen, bis sie irgendwann ganz erschöpft ist.

Diese Wirkung verursachen die Alkaloide, die Baldrian enthält und die für Katzen aufregend riechen. Sie besitzen eine

Ähnlichkeit mit den Pheromonen, den Körperduftstoffen, die der sozialen Kommunikation dienen und auch beim Paarungsverhalten der Katzen eine Rolle spielen. (→ **115**, **119**)
Interessanterweise erzielt Baldriantinktur nicht die phänomenale Wirkung der getrockneten Wurzeln, vielleicht weil sie auf Alkoholbasis ist und dieser in die feinen Nasen sticht. Mit Tinktur behandelte Gegenstände lassen Miezen links liegen.
Der starke Geruch des Baldrians soll sogar dem Rattenfänger von Hameln zum Gelingen verholfen haben: An seinem Gürtel habe er einen Baldrianzweig befestigt und damit die Ratten angelockt, heißt es. Bei Menschen wirkt Baldrian als Beruhigungsmittel.

35
Können Katzen **vegetarisch** ernährt werden?

Auf keinen Fall! Katzen sind Hypercarnivoren, das heißt ausschließliche Fleischfresser, und darin unterschieden von Carnivoren wie Hunde, Wölfe, Füchse oder Bären, die auch Pflanzen und Früchte fressen. Katzen benötigen große Mengen an tierischen Proteinen und Fetten sowie die Aminosäure Taurin, die sie selbst nicht bilden können und daher mit der Nahrung aufnehmen müssen. Keiner dieser Stoffe lässt sich durch pflanzliche Substanzen ersetzen, auch nicht durch Öle oder andere fetthaltige Lebensmittel. Milchprodukte, die Katzen zweifellos lieben, sind nur gesunde Extras, aber keine Alleinnahrungsmittel, und sie ersetzen nicht das Fleisch.
Gleichwohl wird vegetarische und sogar vegane Katzennahrung angeboten, das heißt ohne jeden Bestandteil tierischer Herkunft. Sie besteht aus synthetisch erzeugten Eiweißersatzstoffen, angereichert mit Grünzeug, das die Katze wenig schätzt und nicht verwerten kann. Diese Ernährungsweise

ist absolut unnatürlich. Anders als der Mensch, der ein Allesfresser ist, was an seinem Gebiss, der Darmlänge, den Verdauungsenzymen und der Darmflora zu erkennen ist, hat die Katze nicht die physischen Möglichkeiten, fleischlose Kost zu verarbeiten.
Jeder Katzenhalter, der nur den geringsten Respekt vor der Natur hat, wird bei seiner Katze von vegetarischer oder veganer Ernährung Abstand nehmen, will er seinem Tier nicht Gewalt antun.

Pflege und Gesundheit

So wie gemeinhin angenommen wird, dass die Katze am liebsten Milch trinkt, heißt es genauso oft, sie sei zäh und die Natur werde es richten. Die Natur hat aber schon genug mit sich selbst zu tun und warum soll der Organismus einer Katze weniger anfällig sein als der des Menschen?

36
Hat die Katze **neun Leben?**

Wenn sie großes Glück hat, vielleicht. Doch warum neun? Die Zahl gilt als Glückszahl und als heilig. Sie ist Symbol der Vollendung und des göttlichen Urgrunds, weil sie stets bleibt, was sie war: Multipliziert man sie, kommt immer eine Zahl mit der Quersumme neun oder ein wiederum durch neun teilbares Ergebnis heraus. Und natürlich trägt sie dreimal die Drei in sich, dreimal Dreifaltigkeit, dreimal Vergangenheit, Gegenwart und Zukunft.

Die sprichwörtlichen neun Leben würdigen die bewundernswerten Fähigkeiten der Katze, gefahrvolle Situationen zu meistern und dank ihrer außerordentlichen Eigenschaften unversehrt zu überstehen. Ihr Körper und ihre Sinne sind in jeder Hinsicht perfekt ihren Bedürfnissen angepasst und erlauben ihr ein Leben unter den verschiedensten Bedingungen. Dies ist daran zu erkennen, dass ihre wichtigsten Merkmale sich in den vergangenen 100 000 Jahren nicht nennenswert verändert haben. Man kann davon ausgehen: Die Wildkatzen, die der Neandertaler kannte, unterschieden sich kaum von ihren Nachkommen, die wir heute sehen, wenn wir großes Glück haben. Und es gibt sie schon viel länger: Die ältesten Fossilienfunde, die der Familie der Feliden zugerechnet werden, sind 30 Millionen Jahre alt und stammen aus Frankreich. Die Vorfahren unserer Hauskatze hinterließen erste Spuren vor über einer Million Jahren.

37
Wie **alt** werden Katzen?

Eine Katze in menschlicher Obhut kann über 20 Jahre alt werden, ihre durchschnittliche Lebensdauer beträgt neun bis 15 Jahre. Wild lebende Hauskatzen werden kaum älter als sechs Jahre, wenn sie überhaupt das Erwachsenenalter erreichen, denn viele Kleine sterben schon in den ersten Wochen.

Ihre besonderen Fähigkeiten und Eigenschaften machen Katzen nicht widerstandsfähiger als andere Säuger, der Mensch eingeschlossen. Sie leiden sogar häufig unter den gleichen Krankheiten wie Menschen. Bei der Entschlüsselung des Genoms der Hauskatze, das 2007 beim Erbgut einer Abessinierkatze gelang, wurden 20 285 Gene gefunden, die mit den wichtigsten Wildkatzenlinien und mumifizierten Katzen sowie dem menschlichen Genom verglichen wurden. Eines der Ergebnisse war, dass Katz und Mensch mehr als 250 Erbkrankheiten teilen.

38
Was bedeuten **Abweichungen des Verhaltens?**

Katzen sind Gewohnheitstiere, die im Großen und Ganzen einem immer gleichen Tagesablauf folgen. Dieser kann sich jahreszeitlich oder wetterbedingt ändern wie auch öfter mal die Lieblingsplätze wechseln. Doch wenn eine Katze sich plötzlich zurückzieht, teilnahmslos wird, auf Ansprache nicht reagiert, nicht fressen oder nicht zur gewohnten Zeit spielen will, ist Aufmerksamkeit geboten. All diese vielleicht nur geringfügigen Abweichungen von ihrem üblichen Verhalten sind Alarmsignale. Körperhaltungen und Ruhepositionen, die auf eine schlechte Verfassung schließen lassen – wenn eine Katze längere Zeit mit dem Gesicht zur Wand, in ungewöhnlicher Haltung oder mit schiefem Kopf verharrt oder sich an einem ungewohnten Platz verkriecht –, bedeuten, dass es allerhöchste Zeit für einen Besuch beim Tierarzt ist.

39
Warum verbergen Katzen **Schmerzen und Krankheiten?**

Eine Katze zeigt niemals, dass sie leidet. Sie verfügt nicht über Ausdrucksweisen, um zu signalisieren, dass sie „Krankenpflege" nötig hat. Wem sollte sie dies auch mitteilen? Von Löwen abgesehen, leben Katzen nicht im Sozialverband, sind weder auf Versorgung noch auf Jagdhilfe ihrer Artgenossen angewiesen. Trotzdem schätzen sie Gesellschaft durchaus und teilen ihre Beute auch gelegentlich, mehr aber nicht.

Bei Zeichen von Schwäche können Katzen leicht selbst zur Beute werden. Ihr bester Schutz ist es, sich zu verkriechen, um in sicherer Abgeschiedenheit Schmerz und Schwäche zu

überwinden. Durch diese typische Reaktion kann bei Katzen mit Freigang die Gefahr bestehen, dass man sie nicht findet, wenn sie krank sind oder sich verletzt haben.
Für den Katzenhalter mag es schwer sein, Zeichen des Unwohlseins bei seiner Katze richtig zu deuten, besonders wenn er viel außer Haus ist. Beim kleinsten Verdacht ist deshalb alle Beobachtungsgabe gefordert. Sie sollte sich auch auf weitere im Haushalt lebende Artgenossen erstrecken, denn manchmal geben diese Zeichen oder reagieren nervös, wenn eine der Ihren leidet. (➔ **184**, **185**)

40
Welche **Symptome** deuten auf Krankheiten hin?

Die meisten Anzeichen unterscheiden sich wenig von menschlichen Malaisen: tränende Augen und verklebte Nasen, Husten, Niesen, Atembeschwerden und Atemlosigkeit, wiederholtes Erbrechen, bei dem keine Haare herausbefördert werden, ungewöhnlich starker Durst, Speichelfluss, Durchfall, Verstopfung, häufiges Aufsuchen der Katzentoilette, stumpfes, struppiges Fell, Haarausfall, plötzlicher Gewichtsverlust, eine sichtbare Nickhaut – das ist die weiße Haut, die sich über den Augapfel schiebt –, Juckreiz oder Lecken an immer derselben Stelle.
Die wenigsten Symptome zeigen eine bestimmte Krankheit an, sondern können in Verbindung mit anderen die unterschiedlichsten Ursachen haben. Deshalb sollte man umgehend einen Besuch beim Tierarzt veranlassen. Sie werden sich weder von allein kurieren, noch sollte man sie mit Mitteln aus der Hausapotheke selbst behandeln. Ohne Rücksprache mit dem Tierarzt dürfen Präparate aus der Humanmedizin sowieso nicht verabreicht werden. Der Katzenorganismus reagiert oft ganz anders auf einen Wirkstoff, die Dosierung kann nicht einfach nach dem Körpergewicht errechnet werden und manche dieser Medikamente sind für Katzen sogar tödlich.

41
Woran **erkranken** Katzen häufig?

Eine große Gefahr, der man jedoch durch Schutzimpfungen begegnen kann, sind die hoch ansteckenden Krankheiten Katzenseuche, Katzenschnupfen und Tollwut. (→ **54**)
Daneben gibt es Katzenkrankheiten wie FIV, das Feline Immundefizienz-Virus, das auch als Katzen-Aids bekannt ist, und FIP, die infektiöse Bauchfellentzündung.
Durch ihre Lebensbedingungen und falsche Ernährung leiden Katzen immer häufiger an „Zivilisationskrankheiten“

wie Diabetes, an Atemwegs-, Harnorgan- und Darmerkrankungen, Krebs, Allergien und Hauterkrankungen, Stoffwechselstörungen, Herzschwäche und Übergewicht. Parasiten sind eine weitere Quelle von Beschwerden.
Manche Krankheiten treten heute nur vermeintlich öfter auf, weil Katzen in Menschenobhut um ein Vielfaches älter werden als wild lebende Artgenossen und weil sie früher kaum diagnostiziert werden konnten oder nicht bekannt waren. Auch sind noch vor einigen Jahrzehnten viel weniger Menschen mit ihrer Katze zum Tierarzt gegangen.
Rassekatzen können für spezifische Krankheiten anfällig sein, die durch die Zucht begünstigt werden. Entweder gibt es zu wenige, zur Paarung infrage kommende Tiere oder es werden Merkmale gefördert, die kaum alltagstauglich sind wie beispielsweise zu langes, dichtes Haar.

42
Sollte man eine **Krankenversicherung** für seine Katze abschließen?

Es gibt zahlreiche Angebote von Krankenversicherungen für Tiere. Ein Abschluss sollte allerdings sehr genau abgewogen werden: Für Freigängerkatzen, die zwar einer größeren Verletzungsgefahr, aber weniger den sogenannten Wohlstandskrankheiten ausgesetzt sind, ist die Prämie schon um 25 Prozent höher als für eine Wohnungskatze. Bei einem Beitrag von 19 Euro monatlich, ein übliches Angebot für einen Stubentiger, kommen 228 Euro im Jahr zusammen. Gedeckt sind damit 300 Euro für ambulante Behandlungen und 65 Euro für Schutzimpfungen, Wurmkuren sowie Präventionsmaßnahmen. Operationen sind in jeder Höhe versichert, aber ab dem fünften Lebensjahr wird mitunter eine Selbstbeteiligung von 20 Prozent fällig. Rechnet man die Prämien und die Leistungen gegeneinander auf, kommt man schnell zu dem Schluss, dass man schon eine von Geburt an chronisch kranke oder sehr ungeschickte Katze haben muss, um von der Versicherung zu profitieren.

43 Was **kostet** der **Tierarzt?**

Die Behandlungskosten richten sich nach der Gebührenordnung der Tierärzte, können aber variieren, je nachdem, ob der Veterinär in einer größeren Stadt oder auf dem Land praktiziert. Meistens halten sie sich in erträglichem Rahmen. Kostspielige Operationen sind bei Katzen in jungen Jahren selten erforderlich, es handelt sich dann in der Regel um die Kastration, die beim Kater etwa 70 und bei der Kätzin etwa 100 Euro kostet. Bei einer „einfachen" Erkrankung, die eine Untersuchung, vielleicht eine Spritze sowie Medikamente erforderlich macht, ist mit etwa 30 Euro zu rechnen. Teurer wird es, wenn eine Röntgenaufnahme oder ein stationärer Aufenthalt erforderlich werden. Muss eine Wunde genäht werden, kostet dies, Vollnarkose und Medikamente eingeschlossen, rund 80 Euro.

44 **Wie** kommt die Katze **zum Tierarzt?**

Wichtig ist, dass sie sicher transportiert wird und zwar so, dass sie weder ausreißen, noch sich selbst verletzen kann. Dazu gibt es spezielle Transportboxen oder -körbe. Einen solchen Behälter anzuschaffen lohnt sich. Zu Hause aufgestellt, wird er zum vertrauten Gegenstand, der vielleicht sogar gern für ein Nickerchen aufgesucht wird.
Am besten geht man zu Fuß oder fährt mit dem Auto oder Taxi, denn öffentliche Verkehrsmittel könnten das ohnehin gestresste Tier in Verzweiflung stürzen.
Auf gar keinen Fall sollte eine Tasche, ein Karton oder irgendein Behältnis, aus dem die Katze entwischen kann, als Reisemobil dienen. Auch auf dem Arm sollte man eine Miez

nicht zur Tierarzt bringen, sie kann panisch reagieren und flüchten oder aber für einen größeren Tumult im Wartezimmer sorgen.
Vorbereitungen, die eine Katze misstrauisch machen, sind zu vermeiden, man sollte sie schnell und entschieden in den Korb setzen und losgehen. Wenn sie allerdings über sich selbst hinauswächst, um nicht in die Transportbox befördert zu werden, ist damit zu rechnen, dass sie ohne „Gewalt" auch nicht mehr hinauszubekommen ist. In diesem Fall lässt man sich besser vom Tierarzt ein starkes Beruhigungsmittel für die Katze geben. Das belastet sie zwar etwas, ist aber dann der letzte Ausweg.

45 Wie behandelt man **Verletzungen?**

Freigänger kommen immer mal wieder mit blutigen Nasen, aufgeschlitzten Ohren oder anderen Blessuren heim. Handelt es sich nur um Kratzer oder ähnlich kleine Verletzungen, kann man abwarten, ob der Heilungsprozess ohne Entzündung oder Schwellung verläuft. Bei etwas größeren Verletzungen wie tiefen Kratzern, Schnitten oder großflächigen Schürfwunden ist Vorsicht geboten, insbesondere wenn sie mit der Katzenzunge gut zu erreichen sind. Eine Katze leckt immer an ihrer Wunde oder der schmerzenden Stelle und vollzieht damit jene Handlung, die sie als probates Mittel der Pflege und Beruhigung kennt. So hält sie ihr Fell sauber und glänzend, so verteilt sie Zuneigung und Wohlbefinden. Doch bei offenen Wunden kann die Zunge der Fleischfresserin Gift sein, denn sie ist voller Bakterien. Innerhalb kürzester Zeit können diese in die Blutbahn gelangen und zu einer Blutvergiftung führen. Es ist daher unbedingt nötig, dass die Verletzung verbunden oder zumindest mit einem Pflaster versehen wird.

Bissverletzungen und klaffende Wunden müssen vom Tierarzt behandelt, oft sogar genäht oder geklammert werden. Es schadet auch nicht, zu wissen, welches Tier zugebissen hat. Dies kann der Tierarzt anhand der frischen Wundmale zweifelsfrei ermitteln. Bisswunden erhöhen natürlich die Gefahr von Infektionen wie FIV oder Tollwut.

46
Was tun, damit das **Pflaster** auf der Katze bleibt?

Natürlich duldet kaum eine Katze einen Verband oder ein Pflaster an sich und versucht alles, diesen Fremdkörper loszuwerden. Selbst eng anliegende und robuste Spezialverbände, die wirkungsvollsten Pflaster konnten sich an unseren Katzen selten länger als 24 Stunden halten. Daher muss dann der verhasste Kragen zum Einsatz kommen. Diese Kunststofftrichter verhindern, dass eine Katze oder ein Hund an irgendeiner Körperstelle, auch nicht an den Pfoten, lecken kann.

Mit solch einem Kragen aus der Narkose zu erwachen, muss für das Tier einem kafkaesken Alptraum gleichkommen, wenn es diese Erfahrung noch nie gemacht hat. Man sollte unbedingt in der Nähe sein und es beruhigen und zusehen, dass es möglichst nirgendwo anecken kann. Es braucht ein wenig Gewöhnung, sich mit so sperrigem Gerät auf den gewohnten Pfaden zu bewegen. Glücklicherweise kann die Katze bei dem Durchmesser des Kragens keine Katzenklappe passieren, denn draußen wären die Gefahren zu groß. Die Katze könnte stecken bleiben, ihr Gesichtsfeld ist extrem eingeschränkt, auch hört sie damit schlechter und ist wehrlos gegen Angreifer.

47
Wie gibt man der Katze ein **Medikament?**

Am besten, man packt es in etwas sehr, sehr Leckeres, geradezu Unwiderstehliches und macht sich die Gier der Katze zunutze: Der erste Happen wird mit der Medizin präpariert. Während man ihn der Katze gibt, lässt man sie beiläufig sehen, dass noch mehr Leckerbissen auf sie warten, dann wird sie nicht so lange auf dem Stückchen herumkauen, bis sie die Tablette gefunden hat, sondern es hinunterschlingen, um gleich das nächste fressen zu können.

Bei manchen Katzen empfiehlt es sich, sie beim Präparieren nicht zusehen zu lassen, weil sie erkennen, was auf sie zukommt. Auch finden sie Wege, die Medikamente trotz damit verbundener Leckerei zu umgehen: Unsere Katzen Fritzi und Mecki haben mittlerweile virtuose Techniken entwickelt, den Leckerbissen abzulutschen oder abzukauen, bis die Tablette nahezu unversehrt übrig bleibt, um sie dann, viel später, doch noch auszuspucken.

Viele Medikamente können auch zerstoßen und in pulverisierter Form eingegeben werden. Mit ein wenig Butter verknetet, lassen sie sich den meisten Katzen gut verabreichen. Notfalls kann man die Masse vorsichtig, aber entschieden seitlich durch die Zähne pressen. Bevor die Miez sie ausspucken kann, ist sie schon geschmolzen. Schmiert man sie ums Mäulchen, in die Mundwinkel oder aufs Bein, ein wenig oberhalb der Pfote, sodass sie die Stelle zwar bequem erreichen, aber nicht abknicken und abwischen kann, wird sie die Butter ablecken.

Sehr gute Erfahrungen haben wir mit Gänseschmalz, Kalbsleber- und Fleischwurst, aber auch mit Ziegenfrischkäse und Ziegen- oder Schafjoghurt gemacht, vor allem wenn die Katzen diese Produkte bis dahin noch nicht kannten: Der fremde, etwas kräftigere Geruch und Geschmack überdecken das Medikamentenaroma.

Das Eingeben von Tabletten gelingt auch mit den Easytabs als „Transportmittel“, die eigens dafür entwickelt wurden. Manche Katzen sind verrückt nach diesen Pastillen, während andere das Näschen rümpfen. Easytabs haben eine elastische Konsistenz, sodass eine Tablette gut hineinzudrücken ist und umschlossen wird. Sie sind zwar mit rund 50 Cent pro Stück relativ teuer, können aber einfach geteilt werden. Easytabs sind beim Tierarzt auch einzeln erhältlich.
Bei mancher Katze hilft allerdings nur, den Kopf an der Haut am Hinterkopf zwischen den Ohren möglichst weit nach hinten zu ziehen, das Mäulchen aufzuhalten und die Tablette so weit hinten in den Rachen zu legen, dass sie nicht mehr ausgespuckt werden kann. Dann muss man das Mäulchen zuhalten und ganz leicht den Hals massieren, bis die Miez merklich geschluckt hat.
Auch mit einer Spritze – ohne Kanüle natürlich – kann in Wasser aufgelöste Medizin ins Mäulchen befördert werden. Diese beiden Praktiken sollte man aber nur anwenden, wenn sonst gar nichts geht, denn man muss sehr geschickt und schnell, sanft und entschieden zugleich oder zu zweit sein, außerdem macht man sich mit diesen „handgreiflichen Methoden“ bei empfindsameren Naturen nicht gerade beliebt.

48 Was ist **giftig** für Katzen?

Überraschend viele Nahrungsmittel, Pflanzen und Genussmittel, die das menschliche Leben bereichern oder begleiten, sind für Katzen hochgiftig. Dazu zählen Knoblauch und Zwiebeln, die N-Propyldisulfid enthalten, das die roten Blutkörperchen zerstört und schnell zu Blutarmut führt, Schokolade, deren Inhaltsstoff Theobromin Erbrechen, Durchfall, Herzrasen und Krämpfe verursacht und zum Tod führen

kann, oder Avocado, die Persin beinhaltet, das den Herzmuskel angreift.
Bei Zimmerpflanzen und Schnittblumen ist höchste Vorsicht geboten, es gibt kaum welche, die für Katzen nicht giftig sind. Allerdings macht sich nicht jede erwachsene Miez gleich über Blumentöpfe und Vasen her. Bei Kätzchen ist schon eher damit zu rechnen. Unsere Katzen interessieren sich allenfalls für die langen Gräser in Blumensträußen, aber an Pflanzen knabbern sie fast nie. Sie gehen lieber ans Katzengras, von dem immer ein Töpfchen dasteht.
Wenn die Katzen Freigänger sind, kann man nur darauf hoffen, dass sie Pflanzen meiden, denn auch Buchsbaum, Efeu, Farne, Ginster und viele andere Gartengewächse sind giftig.
Dass Alkohol nichts für Katzen ist, versteht sich von selbst. Sie machen ohnehin einen großen Bogen darum. Umso mehr sollte man verkleckertes Hochprozentiges vermeiden, in das die Katze hineintreten

könnte. Dann müsste sie es sich von den Pfoten lecken und würde den Alkohol schlucken. Dabei können auch Katzen zu Alkoholikern werden, wie eine wissenschaftliche Untersuchung zeigte.

49
Warum **vergiften** sich die vorsichtigen Katzen leicht?

Der Reflex, Schmutz von Fell und Pfoten sofort abzulecken, erhöht die Vergiftungsgefahr bei Katzen, denn er lässt sie ihre natürliche Zurückhaltung gegenüber unbekannten Substanzen ignorieren. Bei der Reinigung der Pfoten können sie Mäuse- oder Rattengift aufnehmen wie auch Haushaltsgifte aller Art. Bei der Aufbewahrung und dem Gebrauch von Desinfektions- und Reinigungsmitteln, Mottengift, Petroleumprodukten, Medikamenten, Terpentin, Säuren, Chlor oder Heizöl ist deshalb größte Vorsicht geboten. Auch Flohhalsbänder können Vergiftungserscheinungen hervorrufen, wenn das Mittel bei der Fellreinigung aufgenommen wird. (→ **11**)

50
Was tun bei **Vergiftungen?**

Wenn giftige oder schädliche Substanzen am Fell haften, sollte man sie schnellstens entfernen, entweder mit lauwarmem Wasser oder indem man die Haare abschneidet. Neben Erbrechen, Durchfall und Speichelfluss sind Zittern, Krämpfe, Zuckungen sowie Schwäche und Lähmungserscheinungen Anzeichen einer Vergiftung. Keinesfalls darf Milch oder ein ähnliches Hausmittel eingeflößt werden, sondern es muss umgehend ein Tierarzt aufgesucht werden. Eine Angabe, um welchen Giftstoff es sich handelt, erleichtert und beschleunigt die Behandlung.

51
Schadet **Passivrauchen** der Katzengesundheit?

Ja. Reine Stubentiger, die nie an die frische Luft kommen, werden sogar um ein Vielfaches stärker geschädigt als die im selben Haushalt lebenden Menschen. Der Rauch dringt nicht nur in ihre Atemwege, sondern bei der Fellpflege müssen sie Teer, Nikotin und all die anderen Giftstoffe, die sich auf ihnen absetzen, auch noch schlucken. Entsprechende Krebserkrankungen bleiben nicht aus. Das *American Journal of Epedemiology* veröffentlichte Forschungsergebnisse über maligne Lymphome bei Katzen, von denen man bislang glaubte, sie würden durch das feline Leukämievirus hervorgerufen. In dieser Studie jedoch zeigt sich, dass eine Krebserkrankung des lymphatischen Systems umso wahrscheinlicher wird, je länger eine Katze in einem Raucherhaushalt lebt und je mehr Raucher sie um sich hat.

52
Können Katzen **Würmer** haben?

Ja. Besonders Freigänger, die gern einen Nager erbeuten, können von Würmern befallen werden. Es handelt sich dabei meist um Bandwürmer, aber auch Spulwürmer, Hakenwürmer oder – sehr selten – der Fuchsbandwurm können auftreten. Katzenflöhe übertragen den Gurkenkernbandwurm. Daher sollte sich an eine Flohbehandlung stets eine Wurmkur anschließen. Manche dieser Parasiten lassen sich mit bloßem Auge feststellen. Im Kot und am After sind die Glieder von Katzen- und Gurkenkernbandwurm als reiskornähnliche Teile zu erkennen. Auch Spulwürmer werden manchmal ausgeschieden, manchmal erbrochen. Jungkatzen infizieren sich mit diesen häufig bereits bei ihrer Mutter, da die Larven sich in den Milchdrüsen festsetzen. Geringer Wurmbefall macht sich bei gesunden erwachsenen Katzen selten bemerkbar. Bei starker Belastung können Durchfall, Erbrechen, Gewichtsverlust oder ein geblähter Bauch auftreten.

Die gute Nachricht: Der Gurkenkern- und der Katzenbandwurm haben für Menschen nichts übrig.
Eine Gefahr ist dagegen der Fuchsbandwurm. Er schädigt unter anderem die Leber und kann nur schwer diagnostiziert werden. (➔ **65**)

53 Wie **schütze** ich meine Katze vor **Wurmbefall?**

Da bei Freigängern die Ausscheidungen schlecht zu kontrollieren sind, empfiehlt es sich bei ihnen, regelmäßig eine Wurmkur zu machen. Wie für alle anderen Präparate, die der Tiergesundheit dienen sollen, gilt auch hier: nur beim Tierarzt kaufen. Bei Parasiten tritt häufig nach einigen Jahren eine Resistenz gegen die handelsüblichen Mittel zu ihrer Bekämpfung ein, sodass es vorteilhaft ist, sich fachkundig beraten zu lassen. (➔ **11**)
Die meisten Wurmkuren sind Kombipräparate, das heißt, sie helfen gegen alle infrage kommenden Würmer. Weil sie Gifte enthalten, belasten sie die Katze, aber immer noch weniger als starker Wurmbefall. Eine Wohnungskatze muss nach der obligatorischen Jungtierentwurmung vielleicht nie mehr entwurmt werden, bei Freigängern empfiehlt sich die Behandlung bis zu viermal im Jahr. Am besten ist es, eine Kotprobe untersuchen zu lassen, um nur das Mittel gegen die diagnostizierte Wurmart verabreichen zu müssen und kein multitoxisches Kombipräparat. Es gibt keine Möglichkeit der Vorbeugung.

54 Sollte man seine Katze **impfen** lassen?

Die Antwort ist ein klares Ja. Die Schutzimpfungen gegen Katzenschnupfen und Katzenseuche sind unumgänglich: Jede Katze, auch wenn sie nie nach draußen oder mit Artgenossen in Berührung kommt, kann sich infizieren, denn die

Erreger sind allgegenwärtig und werden auch an den Schuhen von draußen hereingetragen. Zwar äußert sich Katzenschnupfen mit den gleichen Symptomen wie Menschenschnupfen, aber es handelt sich bei den Tieren um eine schwere Krankheit, die bleibende Schäden an Augen und Nasennebenhöhlen zur Folge haben kann. Seine Heilung ist wahrscheinlicher als die der Katzenseuche, doch die Patienten leiden sehr und für ihre Pflege müssen viel Zeit und Geduld aufgewandt werden. Auch ist eine Behandlung sicherlich kostspieliger als die Schutzimpfungen, die zusammen um 30 Euro kosten.

Die Katzenseuche, Panleukopenie, lässt die Tiere an Erbrechen, Durchfall sowie hohem Fieber und in der Folge an starkem Flüssigkeitsverlust leiden. Bei intensiver Behandlung und Pflege haben allenfalls erwachsene Katzen von bester Konstitution eine Überlebenschance.

Freigänger sollten auf jeden Fall gegen Tollwut geimpft werden, auch wenn sie in Deutschland nur noch selten auftritt. Tollwut ist anzeigepflichtig, nicht heilbar und schon beim Verdacht einer Infektion ist der Amtstierarzt berechtigt, ein Tier zu töten, ohne auf den Ausbruch der Krankheit warten zu müssen. Entgegen landläufiger Meinung besteht in der Stadt gleichfalls Tollwutgefahr: Füchse haben längst die Innenstädte erobert und mittlerweile sind auch Fledermäuse häufig Überträger. Zwar ist die Wahrscheinlichkeit gering, dass eine Katze eine gesunde Fledermaus erlegt, doch wenn diese schon krank ist, wird sie zu einer leichten Beute.

55
Sind **Salmonellen** für Katzen **gefährlich?**

Nein. Die Magensäure einer Katze ist um ein Vielfaches ätzender als die menschliche und tötet Salmonellen in der Regel ab.
Die Bakterien finden sich vor allem in Schweine- und Geflügelfleisch sowie in Eiern. Die Massentierhaltung begünstigt ihre Ausbreitung, vor allem aber die mangelnde Hygiene im Umgang mit Lebensmitteln, besonders wenn sie zur Lagerung eingefroren werden. Rohes Schweinefleisch darf eine Katze ohnehin niemals fressen (➔ **29**), doch rohe Hühnerflügel sind gesund und man sollte nicht auf sie verzichten. (➔ **22**) Sie enthalten Kalzium, Phosphor und Magnesium, und bei Katzen, die nicht sehr schwach oder krank sind, kann das nahezu nicht vorhandene Risiko einer Salmonellose ignoriert werden. Und es gilt: je frischer das Fleisch, desto geringer das Risiko.
Gleichwohl können Katzen unter sehr ungünstigen Umständen ganz geringe Mengen an Salmonellen ausscheiden. Nach einer Untersuchung des Bayerischen Landesamts für Gesundheit und Lebensmittelsicherheit wurden bei drei von 321 Katzen Salmonellen gefunden. Doch treten sie bei infizierten Tieren nur unregelmäßig und so spärlich auf, dass der menschliche Mitbewohner, sofern er erwachsen und von durchschnittlicher Konstitution ist, es schon erheblich an Hygiene mangeln lassen müsste, um sich anstecken zu können. Eher gefährdet sind kleine Kinder und alte Menschen oder Personen mit einer Immunschwäche. (➔ **64**, **66**)

56
Müssen Katzen **Zähne putzen?**

Ja, sonst können sie unter den gleichen Folgen leiden wie der Mensch: Zahnschmerzen, Zahnstein, Zahnfleischentzündung und Zahnausfall. Für eine wild lebende Katze wäre Letzteres das Todesurteil, deshalb hat die Natur vorgesorgt:

Beim Zerbeißen von Knochen, Muskeln und Fell reinigt die Katze ihre Zähne von Nahrungsrückständen. Hat sie dazu keine Gelegenheit, sollte man ihr immer mal wieder Herz oder anderes rohes Muskelfleisch, Ochsenschwanz oder Schlund geben. Das Stück muss natürlich so groß sein, dass sie es nicht einfach runterschlingen kann, sondern mehrmals zerteilen und mit den Zähnen bearbeiten muss.
Hat sich schon Zahnstein gebildet, muss er vom Tierarzt entfernt werden. Dies ist eine längere Prozedur, die nur unter Vollnarkose stattfinden kann. Dementsprechend belastet sie die Katze und ist teuer, deshalb sollte man vorbeugen, besonders bei einem Stubentiger oder einer selten erfolgreichen Jägerin.

57
Warum **lecken** sich manche Katzen das **Fell weg?**

Durch das Lecken werden Glückshormone, Endorphine, ausgeschüttet. Ist eine Katze unglücklich, gelangweilt oder gestresst, versucht sie sich damit selbst ein wenig Trost zu spenden. Dieses Verhalten kann bei großen, anhaltenden Belastungen in eine Art Sucht münden. Leiden sie unter sogenannter psychogener Alopezie, lecken sich Katzen mitunter so heftig, dass die Haare brechen oder ganz verschwinden. Die raue Katzenzunge verletzt schließlich sogar die Haut und Entzündungen können sich bilden. Vor allem Bauch, Vorderbeine und Flanken sind von dieser exzessiven Körperpflege betroffen.
Wenn das übermäßige Lecken durch einen Juckreiz ausgelöst wird und der Befall von Flöhen, die sogar eine Flohallergiedermatitis hervorrufen können, Milben oder Pilzen ausgeschlossen ist, kann auch eine hormonelle Störung zugrunde liegen. Hier zeigt eine Behandlung mit Hormonen deutlichen Erfolg, der eine Weile anhalten kann. Damit ist

zwar die Ursache nicht behoben, doch die Katze und ihr Fell können sich erholen. Zwischen den Leckanfällen liegen mitunter lange Zeiträume.
Andere Ursachen des sogenannten Leckbauchs können eine Vergiftung oder eine Autoimmunerkrankung sein. Wie oft in der Katzenmedizin hilft hier Kortison.

58
Gibt es **Blutspenden** für Katzen?

In der Klinik und Poliklinik für kleine Haustiere der Freien Universität Berlin gibt es seit 1997 eine Blutbank für Hunde und Katzen. Sie war in Europa die erste ihrer Art, die Anregung kam aus den USA. Anders als bei später gegründeten, ähnlichen Einrichtungen werden hier keine Spender in Käfigen gehalten, sondern ihre Menschen bringen sie in die Praxis. Rund achtzig Katzen und zweihundertfünfzig Hunde geben jährlich ihr Blut ab. Dies genügt oft nicht und manchmal ist auch eine Frischblutspende notwendig. Dann wird die Spenderkartei durchforstet oder ein Aufruf im veterinärmedizinischen Fachbereich verbreitet.
Die Rassenzugehörigkeit von Spender- und Empfängerkatze ist unerheblich, allerdings haben auch Katzen verschiedene Blutgruppen. Die Spender sollten nicht älter als acht Jahre sein, mindestens vier bis fünf Kilo wiegen, gesund, geimpft und entwurmt sein. Die Tiere dürfen zum Zeitpunkt der Spende keine Medikamente einnehmen und selbst noch nie Empfänger einer Bluttransfusion gewesen sein.
Alle sechs Monate kann ein Tier Blut spenden, aber die Klinik ist auch für jede einmalige Spende dankbar. Der Lohn sind eine gründliche Untersuchung, Blutbild eingeschlossen, und eine vergünstigte Schutzimpfung. Natürlich erhalten Katzen eine Beruhigungsspritze, wogegen Hunde es auch ohne schaffen.

59
Sollte man seine Katze, seinen Kater **unfruchtbar** machen lassen?

Diese Frage erhitzt immer wieder die Gemüter. Natürlich ist es ein großer Eingriff in die Natur und streng genommen auch ein Akt der Gewalt, ein Lebewesen seiner Fortpflanzungsfähigkeit zu berauben. Außer Frage steht auch, dass sich das Verhalten der Tiere infolgedessen verändert. (➔ **63**)

Gleichwohl besteht bei Katzen die Notwendigkeit, die unkontrollierte Fortpflanzung einzudämmen. Sie sind neben Tauben die einzigen Haustiere, die in großen Populationen auch wild leben, keine natürlichen Feinde und sehr hohe Nachkommensraten haben. Ab einem Alter von etwa zehn Monaten kann eine Kätzin unter optimalen Bedingungen dreimal im Jahr Junge bekommen. Das allgegenwärtige Katzenelend, das mancherorts durch private Katzenfreunde oder Vereine gelindert wird, offenbart diese Problematik.

Auch viele Hauskatzenhalter wissen um die Schwierigkeiten, Katzenkinder in gute Obhut zu bringen. Immer häufiger werden ganze Würfe in Tierheimen abgegeben.

60
Welche **Methoden** gibt es, **Katzennachwuchs zu verhindern?**

Grundsätzlich können Kater und Kätzinnen chemisch, das heißt mit Hormonpräparaten, vorübergehend unfruchtbar gemacht werden. (→ **61**) Die anderen, unwiderruflichen Methoden sind Sterilisation und Kastration, beide mit einem chirurgischen Eingriff verbunden. (→ **62**) Sonst muss eine Freigängerin, die nicht trächtig werden soll, eingeschlossen werden, sobald sie „rollig", also in Paarungsstimmung ist. Fraglich, ob man dies artgerecht nennen kann. Hinzu kommt das Problem, dass die Phasen der Rolligkeit sich immer häufiger einstellen, wenn es nicht zu einer Befruchtung kommt – ein Phänomen, das bei Wohnungskatzen auch zur sogenannten Dauerrolligkeit führen kann.

61
Gibt es die **Pille** für Katzen?

Ja, und sogar auch für Kater. Die hormonellen Mittel werden gerne von Züchtern genutzt, wenn eine Kätzin für eine gewisse Zeit keine Jungen bekommen soll oder um beim Kater vorübergehend das ausdrucksstarke Katerverhalten zu unterdrücken. Auch eignen sie sich, wenn eine Kastration ein paar Wochen aufgeschoben werden soll und die Gefahr besteht, dass die Katze vorher trächtig werden könnte.
Die Kätzin erhält die Pille normalerweise einmal in der Woche. Beim Kater hängt die Häufigkeit der Eingabe vom Mittel und von der Stärke seines Geschlechtstriebes ab. Man muss ihn beobachten oder das Mittel als Depot spritzen

lassen. Dabei kann es zu länger andauernden Haut- und Haarveränderungen an der Einstichstelle kommen, die aber schließlich wieder verschwinden.

62
Was ist der Unterschied zwischen **Sterilisation** und **Kastration?**

Bei einer Sterilisation wird eine Fortpflanzung unmöglich gemacht, aber die Keimdrüsen, das sind die Eierstöcke bei der Kätzin und die Hoden beim Kater, bleiben erhalten. Es werden nur die Eileiter beziehungsweise Samenleiter durchtrennt oder abgebunden. Bei einer Kastration werden die Keimdrüsen komplett entfernt, bei der Kätzin noch dazu die Gebärmutter.

Sterilisierte Katzen zeigen weiterhin alle Verhaltensweisen des fortpflanzungsfähigen Tieres, nur eben ohne die Folgen des Nachwuchses. Bei der Kätzin bedeutet dies die volle Hormonbildung trotz des unterbrochenen Fortpflanzungszyklus und der damit einhergehende körperliche und mentale Stress durch fortgesetzte erfolglose Rolligkeit. Die Gefahr von Eierstockzysten wächst und auch ein erhöhtes Risiko von Gebärmutterkrebs wird diskutiert. Den sterilisierten Kater wird der Eingriff nicht belasten, höchstens seine menschlichen Mitbewohner, die seine Duftmarken, Kampfspuren und Phasen der Abwesenheit weiterhin unverändert erleben.

Auch das Fell kann sich durch die Kastration verändern.

Vor allem bei Katzen mit halblangem oder langem Haar wird es um einiges dichter, sodass man es bürsten muss, um Filz zu verhindern.

63
Wie verändert die **Kastration** das **Wesen** der Katze?

Durch die Entfernung der Keimdrüsen reduziert sich die Produktion der Geschlechtshormone drastisch, sodass das Interesse an Paarungspartnern erlischt. Daher werden beide Geschlechter etwas ruhiger, oft sogar häuslicher und anhänglicher. Der kastrierte Kater wird keine großen Wanderungen mehr unternehmen, von denen er erst Wochen später zerzaust zurückkehrt, sein Urin wird weniger streng riechen. Manche Kater markieren nach der Kastration weniger, manche jüngere fangen dann erst damit an – die Kommunikation mit Düften ist aber ganz normales Katzenverhalten. (→ **115**, **116**, **119**)

Sind sie Freigänger, werden sie in ihrem Revier mit dem gleichen Selbstbewusstsein antreten, das ihnen zuvor zu eigen war, und ihre Stellung wieder einnehmen. Auf ihren vertrauten Wegen und in eingespielten Ritualen sind Katzen an Konfrontation nicht interessiert, sondern sie pflegen eine gewisse Toleranz, die sich darin zeigt, dass man sich aus dem Weg geht und über die Duftmarken informiert, „was läuft“ und wer wo unterwegs ist. (→ **114**, **115**, **116**, **119**)

Die einzige Situation, in der ein kastrierter Kater einem unkastrierten den Platz überlassen muss, entsteht, wenn eine rollige Kätzin die Bühne betritt. Weil deren Signale weniger verlockend auf ihn wirken, wird er dies aber freiwillig tun.

Kastrierte Kätzinnen und Kater werden nicht schlechter jagen als vorher, obwohl dies gern behauptet wird. Oft sogar bringen sie mehr Mäuse zur Strecke, weil sie weniger abgelenkt sind.

64
Können sich **Menschen** bei Katzen mit Krankheiten **anstecken?**

Ja, es gibt Krankheiten, die zwischen Mensch und Tier übertragbar sind: die Zoonosen. Zu diesen rund 200 Infektionen zählt die Salmonellose genauso wie Vogelgrippe. Aber nur ganz wenige übertragen sich von Katz auf Mensch.
Die bekannteste Zoonose ist die Tollwut. Bei Tieren – alle Säuger und auch Vögel können sich mit dem Virus infizieren – ist sie nicht heilbar, daher wird ein befallenes Tier sofort getötet. Doch kann man sich und sein Tier mit einer Impfung problemlos schützen. Tollwut wird durch Speichel übertragen, aber auch durch Kratzer oder Kontakt mit den Schleimhäuten. Die Krankheit macht sich vor allem durch Verhaltensänderungen bemerkbar: Bis dahin ruhige Tiere werden aggressiv und angriffslustig, scheue Tiere werden zutraulich. Auch Speichelfluss, Muskelzuckungen, Krämpfe und ein gestörtes Gleichgewicht sind Alarmsignale.
Sollte bei einem Menschen der Verdacht einer Infektion bestehen, muss er so schnell wie möglich zur Immunisierung zum Arzt oder ins Krankenhaus.
Deutschland ist mittlerweile nahezu tollwutfrei, doch werden inzwischen öfter Infektionen bei Fledermäusen festgestellt. (→ **54**)
Die Toxoplasmose wird durch einen Parasiten hervorgerufen, dessen Endwirt die Katze ist. Diese zeigt keinerlei Krankheitssymptome, scheidet aber die für Mensch und Tier infektiösen Eier aus. Doch auch die meisten Menschen zeigen keine Krankheitsanzeichen und bilden Antikörper, die eine neuerliche Infektion in der Regel verhindern. Gefahr besteht nur für ungeborene Kinder, die sich im Mutterleib infizieren können. Fehlgeburten oder schwere Schädigungen können die Folge sein. (→ **66**)
Die Mikrosporie und die Trychophytie sind Pilzinfektionen, die bei häufigem Kontakt fast alle Haustiere übertragen

können. Auch nicht erkrankte, sondern nur infizierte Tiere kommen als Überträger infrage. Die Symptome finden sich an unbedeckter Haut: nässende Stellen mit Schuppen, Krusten und einem geröteten Randbereich. Auf dem Kopf können sich kreisrunde Stellen zeigen, an denen die Haare kurz über der Hautoberfläche abbrechen. So erscheint der Pilzbefall auch bei der Katze, zumeist an den Ohren und im Gesicht. Mit Salben kann die Infektion bei Mensch und Tier beseitigt werden.

Häufig wird die Bartonellose genannt, die Katzenkratzkrankheit. Etwa 15 Prozent der deutschen Hauskatzen sollen durch den Kot des Katzenflohs mit verschiedenen Stämmen der *Bartonella*-Bakterien infiziert sein, die durch Kratzer und Bisse auf den Menschen übertragen werden können. Bei vielen Infizierten zeigen sich keine Symptome, bei der Hälfte treten deutliche Lymphknotenschwellungen und Fieber auf, bei manchen Hautrötungen. Nur bei wenigen, geschwächten Personen ist ein ernsthafter Krankheitsverlauf zu befürchten.

Bei den erkrankten Katzen treten sehr häufig keine Symptome auf, bei manchen macht sich die Infektion durch Lymphknotenschwellungen, Augenentzündungen, verminderten Tastsinn in den Pfoten, gestörten Gleichgewichtssinn und in schweren Fällen durch Blutarmut bemerkbar.

Die sehr viel gefährlichere Bartonellose durch *Bartonella bacilliformis* kommt dagegen ausschließlich in Südamerika vor und wird durch eine Mücke übertragen.

65
Übertragen Katzen den **Fuchsbandwurm?**

Selten. Der Fuchsbandwurm (*Echinococcus*) kann zwar durch die Katze auf den Menschen übertragen werden, doch obwohl stets vor dem gefährlichen Parasiten gewarnt wird und seine Verbreitung fortschreitet, ist für Katzenhalter die Infektionsgefahr relativ gering. Die Mehrheit der Erkrankten ist in Landwirtschaft und Gartenbau tätig und/oder hat Kontakt zu Hunden. Laut Bayrischem Landesamt für Gesundheit und Arbeitsschutz erkrankten zwischen 2001, dem Beginn der Meldepflicht, und 2004 im gesamten Bundesgebiet 63 Menschen an Echinokokkose, eine deutliche Häufung ist im ländlichen Süddeutschland zu erkennen. Katzen können Überträger werden, wenn sie einen Zwischenwirt, eine infizierte Maus oder andere Nager, fressen. Daher ist eine regelmäßige Entwurmung angezeigt.

66
Wie kann man **Zoonosen** vorbeugen?

Katzen sind glücklicherweise sehr saubere Tiere, die außer ein paar Haaren kaum Spuren hinterlassen – wenn sie nicht gerade mit nassen Pfoten über den Schreibtisch spazieren, um nach ihrer Rückkehr freundlich Hallo zu sagen. Trotzdem sollte immer auf Hygiene geachtet werden. Selbstverständlich wäscht man sich die Hände, wenn man etwas essen möchte und seine Katze gestreichelt hat. Dass man Tiere nicht küssen soll, ist klar, und man sollte seine Katze ebenso wenig vom eigenen Teller fressen lassen. Hat sie doch einmal ihre Nase ins Menschenessen gesteckt, kann man ja die entsprechende Kontaktstelle entsorgen. Die Spuren der rauen Katzenzunge und angenagte Stellen sind unübersehbar. Am besten lässt man auch nichts Essbares offen herumstehen.

Katzen, die gern im Bett schlafen, stellen keine Gefahrenquelle dar, zumal sie – zumindest im Erwachsenenalter –

ganz klar ein ruhiges, abgelegenes Plätzchen auf der Decke oder dem Laken allzu großer Nähe zappelnder menschlicher Gliedmaßen vorziehen.

Dass man sich nach dem Reinigen der Katzentoilette ebenfalls gründlich die Hände waschen sollte, ist naheliegend. Wegen des Toxoplasmoserisikos wird Schwangeren auch von ärztlicher Seite empfohlen, ihr Blut auf Antikörper überprüfen zu lassen und das Saubermachen des Katzenkistchens möglichst nur mit Gummihandschuhen zu erledigen oder einer anderen Person zu übertragen. Werden die Exkremente der Katze zweimal täglich beseitigt, ist die Gefahr einer Infektion schon deutlich gemindert, da die Erreger sich erst nach zwei Tagen entwickelt haben.

Nachwuchs

Hält man eine unkastrierte Freigängerin, wird es nicht lange dauern, bis sich Nachwuchs ankündigt. Womöglich hat man von dem freudigen Ereignis gerade erst Kenntnis erhalten, schon krabbeln die Kätzchen durch die Wohnung und bringen für die nächsten drei, vier Monate alle auf Trab.

67
Sind Katzen **gute Mütter?**

Katzenmütter sind von rührender Fürsorglichkeit und große Beschützerinnen. Mit unendlicher Geduld kümmern sie sich um ihre Kleinen und bringen ihnen alles bei, was die große Katze wissen muss. Dabei ist jeder Wurf für die Mutterkatze eine entbehrungsreiche Zeit, sie hat durch das Säugen einen zweieinhalb- bis dreimal so hohen Energiebedarf wie normalerweise und muss die hungrigen Mäuler bald auch schon mit Beutetieren versorgen. In der Regel ist sie alleinerziehend, der Vater kümmert sich nicht um seine neue Familie. In natürlicher Umgebung besteht sein einziger Beitrag zu ihrem Wohlergehen darin, Rivalen aus seinem Revier fernzuhalten, aber auch darauf kann sich die Kätzin nicht verlassen. Stets muss sie darauf gefasst sein, ihren Nachwuchs auf Gedeih und Verderb vor Katerattacken zu verteidigen. (→ **82**) Dass Kater oder männliche Großkatzen, Löwen ausgenommen, sich an der Versorgung der Jungen beteiligen, hat man bislang nur in Zoos und bei zusammenlebenden Hauskatzen beobachten können. Außer Löwinnen, die ihre Jungen im Rudel aufziehen, sind allenfalls wild lebende Haus-, oder in großer Freiheit lebende Bauernhofkatzen in der vorteilhaften Lage, in der Kolonie nicht auf sich allein gestellt zu sein.

68
Wie oft **werfen** Katzen?

Eine wohlgenährte Hauskatze kann dreimal im Jahr Junge bekommen und dies bis ins hohe Alter. Eine wild lebende Katze, die ein karges Dasein fristet, wird, wenn überhaupt, nur einmal im Jahr werfen, denn je geringer das Nahrungsangebot, desto weniger Nachwuchs gibt es und desto weniger Junge überleben. Katzen sind bei ihrer Reproduktion nur bedingt von den Jahreszeiten abhängig. Zwar werfen sie nicht mitten im Winter, doch immerhin noch Ende September, Anfang Oktober. Katzen aus Herbstwürfen sollen laut

Volksmund weniger widerstandsfähig, dafür aber häuslicher sein. Statistisch nachgewiesen wurde dies aber nie. Normalerweise kommt eine Katze zweimal im Jahr, in mehreren Rolligkeitszyklen hintereinander, in Paarungsstimmung. Bei jeder Rolligkeit ist sie zwei bis drei Tage empfängnisbereit. Etwa sechs Wochen nach der Geburt ihrer Jungen oder wenn sie ihren Nachwuchs verloren hat, sei es durch Krankheit, Menschenhand oder einen fremden Kater, wird sie wieder rollig. (➔ **82**)

69
Wie lernt die **Katze** einen **Kater** kennen?

Sobald sie empfängnisbereit ist, markiert die Kätzin in erhöhter Frequenz mit Urin und ruft unter Umständen mit gurrenden Lauten. So verbreitet sie die Nachricht: „Es ist so weit, such mich!“ Die Kater, deren Reviere sich jeweils mit den Territorien verschiedener Kätzinnen überschneiden, kommen der Aufforderung gern nach. Die Partnerwahl trifft stets die Katze, nicht selten ist der Auserwählte ein rangniederer Kater. Wonach eine Kätzin ihre Kater aussucht, erscheint aus menschlicher Perspektive unergründlich. Nach bisherigen wissenschaftlichen Erkenntnissen geht es aber bei dieser Entscheidung nur um eines: ein starkes Immunsystem bei den Nachkommen. Katzen wie auch andere Säugetiere, darunter der Mensch, erkennen unbewusst am Geruch des anderen, ob der Partner viele oder wenige gleiche Gene wie er selbst

besitzt. Je weniger gemeinsame Gene, desto stärkere Abwehrkräfte bei den Jungen und desto attraktiver der Geruch: „Man kann sich gut riechen." Vermutlich weil die Wahl der Kätzin instinktsicher und somit unanfechtbar ist, zeigen Kater kaum Interesse an Rivalenkämpfen um rollige Kätzinnen. Diese werden eher um den Platz in der Katerbruderschaft ausgefochten. Damit bezeichnete Katzenforscher Paul Leyhausen den losen Verbund von Katern in einer größeren Nachbarschaft.
Nicht selten finden sich zwei Katzen immer wieder als Eltern zusammen. Die Werbe- und Begattungsrituale können dann merklich abnehmen – sie kennen sich ja. Gleichwohl bilden sie kein permanent zusammenlebendes Paar, sondern gehen sich ansonsten freundlich aus dem Weg.

70
Stimmt es, dass eine Katze in einem Wurf Junge von **verschiedenen Vätern** haben kann?

Ja, wie bei Hunden ist dies auch bei Katzen möglich. Kätzinnen lassen sich während ihrer Rolligkeit oft von verschiedenen Katern decken. Durch die Besonderheit, dass der Eisprung erst durch den Paarungsakt ausgelöst wird, können befruchtete Eizellen sich bereits in der Gebärmutter eingenistet haben, während in den folgenden Tagen weitere von anderen Katern befruchtet werden. Da die Empfängnisfähigkeit der Kätzin nur auf wenige Tage beschränkt ist, sind bei der Geburt die Jungen meistens nahezu gleich weit herange-

bildet. Falls doch mal ein sehr unterentwickeltes oder totes Jungtier zur Welt kommt, schadet dies den anderen im Mutterleib aber nicht, denn jedes hat seine eigene Plazenta und Fruchthülle und wächst für sich heran.

71
Woran merkt man, dass die Katze **rollig** ist?

Sie wird unruhig, frisst unter Umständen schlecht, rollt sich oft auf dem Rücken hin und her – daher die Bezeichnung –, reibt sich an allen möglichen Gegenständen, auch am Menschen, und lässt sich, anders als sonst, zu deutlichen Lautäußerungen hinreißen: Sie miaut vernehmlich und oft, jault und gurrt. Dieser Zustand hält in der Regel mindestens eine Woche an, am zweiten und dritten Tag ist sie empfängnisbereit. Kommt es nicht zu einer Paarung, wird sie etwa zwei bis drei Wochen später wieder rollig. Bei Wohnungskatzen kann sich das Problem einer sogenannten Dauerrolligkeit einstellen, die nicht nur für alle Beteiligten nervenaufreibend ist, sondern für die Kätzin auch schädlich, weil sie die Gefahr von Eierstockzysten erhöht und auf längere Sicht zu körperlicher Erschöpfung führt. (→ **59**)

72
Wie viele Junge kann eine Katze bekommen?

Bei den ersten Würfen sind es meist nur zwei bis drei Junge, vor allem wenn die Katzenmutter noch sehr jung ist. Später können bis zu zehn Kätzchen in einem Wurf sein. Dies ist allerdings ein Oberwert und nur bei Hauskatzen mit einem schützenden Dach über dem Kopf beobachtet worden. In der Regel werden nach einer durchschnittlichen Tragzeit von 63 Tagen fünf bis acht Katzenbabys geboren, die bei wohlgenährten und -versorgten Hauskatzen alle Überlebenschancen haben. Entsprechend der Anzahl der Jungen ist ihr Geburtsgewicht hoch oder niedrig, gewöhnlich liegt es bei

100 bis 110 Gramm. Ob eine Katze trägt, ist ihr zwar ab etwa drei Wochen nach der Paarung anzusehen, doch können die ungeborenen Jungen nicht so groß und schwer werden, dass die Beweglichkeit der Mutter allzu sehr eingeschränkt würde, schließlich muss sie noch jagen können.

73
Welche **Vorbereitungen** müssen zur **Geburt** getroffen werden?

Katzen ziehen sich zur Geburt in einen Unterschlupf zurück, der nicht zu groß sein darf und vor Eindringlingen sicher sein muss. In den Tagen vor der Geburt inspiziert die Katze geeignete Plätze, vielleicht nimmt sie auch gern eine gut gepolsterte Kiste an. Viele Miezen haben eine besondere Vorliebe für Kleiderschränke. Auch wenn die Geburt eine blutige Angelegenheit ist, sollte man seiner Katze den Gefallen tun und ihr den ausgewählten Platz überlassen. Gerade wenn sie zum ersten Mal wirft, ist sie verunsichert und aufgeregt und sucht Beistand bei ihren Menschen. Sie von dem Platz, den sie sich ausgesucht hat, zu verjagen, würde ihre Aufregung nur verschlimmern. Sollte die Angst vor Flecken zu groß sein, helfen eine Plastikunterlage und viele Schichten Handtücher, mit denen man die Wurfhöhle auspolstert. Tatsächlich ist bald nach der Geburt kaum noch eine Spur davon zu sehen. Fast alle Flüssigkeit und Blut, Nachgeburten und Nabelschnüre beseitigt die Katze selbst. Die restlichen feuchten Tücher zieht man dann unter der Mutter und ihren Jungen vorsichtig weg, sodass sie alle in einem sauberen Nest liegen.

In den ersten Tagen sollte man die Familie in Ruhe lassen. Ist die Katzenmama sehr vertraut mit ihren Menschen, richtet sie sich an einer Stelle ein, die gut zugänglich ist und lässt sich und ihre Jungen bewundern. Trotzdem wird sie ein wenig höfliche Zurückhaltung schätzen.

74
Wie oft und wie lange **säugt** eine Katze?

In den ersten Tagen nach der Geburt säugt die Katzenmutter ihre Jungen etwa jede Stunde. Die Abstände werden langsam größer, je mehr die Kleinen wachsen. Die Mutter hält auch die Verdauung in Gang, indem sie erschnuppert, wann ein Junges Kot oder Urin absetzen muss, es dann am Bauch leckt und die Exkremente aufnimmt. Dies macht sie während der ersten drei Wochen, in denen die Jungen nur Muttermilch erhalten, erst danach können die Babys sich selbst entleeren. Mit etwa drei Wochen fangen die Kleinen langsam an, sich für anderes Futter zu interessieren. Sie werden weiterhin bis zum Alter von rund zehn Wochen gesäugt, allerdings fressen sie ungefähr ab der sechsten Woche selbstständig.

Zwischen der sechsten und zehnten Lebenswoche ihres Nachwuchses werden säugende Katzenmütter leicht sehr mager, denn die Jungen haben nun einen großen Appetit. Man sollte ein Auge darauf haben und die Mutter zusätzlich entsprechend gut mit eiweiß- und fettreichen Nahrungsmitteln wie Fleisch, Eiern, Quark und Sahne versorgen.

75
Worauf sollte man **achten**, wenn man **Katzenjunge** hat?

Solange die Kleinen keinen großen Aktionsradius haben, sind sie unter mütterlicher Aufsicht. Die Katzenmama liegt dann gern an einem erhöhten Ort, von dem aus sie alle ihre Kinder im Blick hat. Sie merkt sofort, wenn eins fehlt. Der Mensch ist in diesen Tagen allenfalls gefragt, um ein ungestörtes Zuhause zu gewährleisten.

Als Kleinkindergarten und für das Toilettentraining eignet sich ein rundum mit Karton verkleideter Kinderlaufstall, ein sicheres Zimmer mit einer Barriere an der Tür oder ein anderes, mit großen Kartons abgegrenztes Gebiet in der Wohnung. Dort sollten auf jeden Fall schon ein kleiner Wassernapf und das Babykatzenklo stehen.

Wenn die Katzenkinder vorwitziger werden und auf größere Streifzüge gehen wollen, ungefähr mit vier Wochen, sollte die Wohnung gesichert werden. Spalten, in die sie hineinkriechen und in denen sie stecken bleiben könnten, müssen versperrt werden. Der Katzenmutter Trinkgefäß, die Zehn-Liter-Gießkanne, oder eine gefüllte Badewanne sind für Katzenbabys tödliche Fallen. Scharfkantige Gegenstände, Schlingen und Schnüre, herumliegende kleine Teile, die verschluckt werden können, offene Flammen – all dies kann den neugierigen, aber noch ungeschickten und unvorsichtigen Katzenkindern zum Verhängnis werden. Todesursache Nummer eins sind gekippte Fenster und Terrassentüren: Die Kleinen wollen hinaus, rutschen ab und geraten mit dem Hals oder Bauch in den Spalt, aus dem sie sich nicht mehr befreien können, sodass sie elend umkommen. Auch ältere Katzen sind vor dieser Gefahr nicht sicher.

76 Was **kann** die kleine Katze nach der **Geburt?**

Bei der Geburt sind die Augen der Kätzchen noch geschlossen. Zwar haben sie gleich ein Fell, trotzdem sind sie auf die Körperwärme ihrer Mutter angewiesen. Ihre Sinne sind noch nicht sehr ausgeprägt und beschränken sich auf Wärmeempfindung, das Tasten und das Riechen. Letzteres können sie schon gleich nach der Geburt sehr gut, und sobald sie sauber und trocken geleckt sind, finden sie zu den Zitzen. Die meisten werden fortan fast immer an dieselbe gehen, die sie am Geruch erkennen. Bewegen können sich die Katzenkinder nur sehr ungelenk, sie sind noch Sohlengänger, ihre Fortbewegung ist eher eine Art Robben. Sie können schon schnurren, was allerdings noch ein wenig hohl klingt, und sie treteln bereits. Beides sind wichtige Signale für die Mutter. Am Schnurren, am Treteln und auch an den Kabbeleien der Babys nimmt sie wahr, wie lebensfähig die Jungen sind.

77
Wann können Katzenkinder **was?**

In ihrer zweiten Lebenswoche öffnen sie die Augen, sehen aber noch nicht gut. Wenige Tage später sind auch die bis dahin verschlossenen Öhrchen offen, die Kätzchen können besser hören und sich an Geräuschen orientieren. Die ersten Milchzähne brechen durch, meistens kann man sie genau am 21. Lebenstag entdecken. In dieser Zeit unternehmen die Katzenbabys auf wackeligen Beinchen die ersten Erkundungsgänge. Ihre Augen sind jetzt in der Lage, etwas zu fixieren. Mit drei bis vier Wochen regeln sie ihren Wärmehaushalt selbst. Sie können sich visuell orientieren und erkennen ihre Mutter aus der Entfernung, ihr Geruchssinn ist vollständig entwickelt und auch hören können sie fast so gut wie erwachsene Katzen. Sie beginnen zu spielen und erste feste Nahrung zu sich zu nehmen. Mit Abschluss der vierten Lebenswoche können sie auf den Zehen laufen wie erwachsene Katzen und schon gut rennen.
Wenn sie fünf Wochen alt sind, beginnt der Unterricht im Jagen, und mit sieben Wochen haben sie im Idealfall ihre erste Maus erlegt, dies erfordert schon große Geschicklichkeit. Die Kätzchen sind nun kleine Erwachsene: Sie haben das gleiche Wach-Schlaf-Verhalten und einen ausgebildeten Wärmehaushalt. Im Alter von fünf bis sechs Wochen sind sie in der Lage, in entsprechendem Material ein Loch zu graben, darin ihr Geschäft zu verrichten und zu verscharren. Mit der sechsten Woche ist das Milchgebiss komplett. Wenn sie acht Wochen alt werden, ist es Zeit für die Entwöhnung,

auch um die Mutter zu entlasten. Im Alter von zehn, elf Wochen ist ihre Koordinationsfähigkeit komplett ausgebildet und mit zwölf Wochen beginnen die Milchzähne den bleibenden Zähnen zu weichen. Nach sieben Monaten ist der Zahnwechsel abgeschlossen.

Ausgewachsen sind Katzen mit zehn Monaten, doch richtig erwachsen und körperlich voll ausgebildet erst später: Kätzinnen mit eineinhalb bis zwei Jahren, Kater sogar erst mit zwei bis drei Jahren. Trotzdem sind Kätzinnen gelegentlich schon ab einem halben bis drei viertel Jahr und Kater mit einem knappen Jahr paarungsfähig.

78
Wie werden Katzen **gute Jäger?**

Katzen lernen durch Anschauung, Imitation und mütterliche Anregung. Die vermeintlich angeborene Fähigkeit des Jagens, die aber nur eine Veranlagung ist, muss zu einem beträchtlichen Teil trainiert und verfeinert werden. Selbst was auf den Speisezettel einer Katze gehört – Kröte und Spitzmaus zum Beispiel nicht –, erfährt ein Katzenkind durch Beobachtung der mütterlichen Vorlieben.

Untersuchungen haben ergeben, dass Kätzchen im Beisein ihrer Mutter eifriger bei der Jagd sind als ohne Mutter: Liegt die Mutter auf der Lauer, beobachten auch die Kleinen die potenzielle Beute. Genauso schauen sie interessiert zu, wenn die Katze jagt und ein Tier tötet. Wenn sie etwas älter werden, bringt die Mutter lebende Tiere an und ermuntert die Jungen mit Lauten, sich an die Beute heranzuwagen und sie selbst zu erlegen.

Da Katzen eine Beißhemmung haben, die vor allem im Babyalter verhindert, dass sie beim Toben ihre Geschwister ernstlich verletzen, muss diese erst überwunden werden. Deshalb setzt die Katzenmama das lebende Tier vor den

Jungen ab, schnappt es sich aber schleunigst wieder, sobald eines der Katzenkinder angelaufen kommt. Schon aus Neugier versucht es beim nächsten Mal, schneller zu sein als die Mutter und die Beute rechtzeitig und entschieden zu packen. Auf diese Weise überwinden die Kleinen nicht nur ihre Beißhemmung, sondern im „Eifer des Gefechts“ auch die Angst vor der Maus, die jede Katze besitzt und die sie schützt. (➔ **134**)

All die mütterliche Mühe wird belohnt: Zwölf Wochen alte Kätzchen, die in Gegenwart ihrer Mutter das Jagen gelernt haben, fangen fünfmal mehr Mäuse als Kätzchen, die früher von ihrer Mutter getrennt wurden. Auch im Alter von sechs Monaten waren sie noch deutlich erfolgreicher, wie Studien gezeigt haben.

79
Warum müssen kleine Katzen **spielen?**

Beim Spiel mit den Geschwistern machen die Kleinen viele wichtige Erfahrungen: Beim Herumtoben trainieren sie, was zwar angeboren ist, aber geübt werden muss – angreifen, lauern, etwas suchen, das plötzlich verschwunden ist wie die Maus im Mauseloch, und auf Verfolgungsjagd gehen.

Bei Verfolgungs- und Raufspielen untereinander erfahren sie auch, wie hart sie mit Artgenossen umgehen können und wo die Schmerz- und Verletzungsgrenzen liegen. Sie trainieren die Körpersprache, indem sie lernen, die richtigen Signale zu geben und die des Anderen zu verstehen. Dies sieht oft sehr lustig aus, weil Kätzchen diese Signale zuerst völlig überzogen darstellen. Verglichen mit einer drohenden erwachsenen Katze wirkt ein Katzenkind wie ein leibhaftiger kleiner Teufel.

Diese wilden Spiele finden statt, bis die Kätzchen zwölf bis vierzehn Wochen alt sind und länger.

Überlebt in einem Wurf nur ein Kätzchen, übernimmt die Mutter die Rolle der Geschwister und spielt mit ihrem Einzelkind unermüdlich alles durch, was es später beherrschen muss.

80
Wie lange sollten die Jungen bei der **Mutter bleiben?**

Je länger, desto besser, denn niemand ist eine so gute Kätzchenlehrmeisterin wie die Mutter. Was sie von ihr nicht lernen, lernen sie womöglich gar nicht mehr.
Zwar hat eine Katze im Alter von acht Wochen das physische Vermögen, in menschlicher Obhut auch ohne Mutter zu überleben, doch gelernt hat sie dann längst noch nicht genug. Gerade was ihre „sozialen Kompetenzen" betrifft, wäre ein wenig mütterliche Erziehung noch ganz angebracht. Vieles an sozialem Verhalten erlernt eine Katze erst, wenn sie ihre körperlichen Fähigkeiten gut beherrscht. Die Mutter würde ihr manches Lästige abgewöhnen, ganz besonders das Ausfahren der Krallen beim Treteln, das später so viele Hosenbeine ruinieren und Kratzer hinterlassen wird.
Selbst Katzenmütter, die wieder trächtig sind, verjagen die Jungen im Alter von zwei bis drei Monaten noch nicht. Leben sie wild, bleiben sie bei ihrer Mutter, bis sie sechs oder sieben Monate alt sind. Die Mutter bindet sie sogar in die Aufzucht des neuen Wurfes mit ein, lässt sie die Kleineren sauber machen und mit ihnen spielen. Die Jungen sind erst selbstständig und alleine überlebensfähig, wenn sie ihre bleibenden Zähne, vor allem die Reißzähne haben. Werden Katzenkinder zu früh abgegeben, heißt das, sie in ihrer Entwicklung zu beeinträchtigen. Besser wäre es sogar, sie erst mit vier Monaten in ihr neues Zuhause gehen zu lassen.

81
Werden Kätzchen **zutraulicher**, wenn sie früher in ihr **neues Zuhause** kommen?

Nein. Die Vertrautheit mit Menschen bildet sich in den ersten Lebenstagen und -wochen durch deren selbstverständliche Anwesenheit, ihre Berührungen und die Signale der Mutter, dass diese riesigen Zweibeiner keine Bedrohung bedeuten. Deshalb ist es sehr schwer, wenn nicht unmöglich, die Jungen wild lebender Katzen an Menschen zu gewöhnen.

Es gibt die Beobachtung, dass ein menschenfreundlicher Katzenvater diesen Wesenszug fördern soll. Doch dies ist biologisch gesehen nicht zu beweisen, denn es widerspricht den Gesetzen der Vererbung. Da Katzen ihren Vater nie kennen – zumindest den vielleicht bekannten Kater nicht in dieser unbekannten Kategorie identifizieren – und so auch von ihm keine sozialen Verhaltensmuster lernen können, müssen bestimmte Wesenszüge angeboren sein. Diese unterliegen aber der Vererbung wie jede andere Veranlagung auch, das heißt, sie werden immer, zwar durchmischt, aber zu gleichen Teilen, von Vater und Mutter an die Jungen weitergegeben.

Natürlich ist ein sehr junges Kätzchen besonders lieb und anhänglich. Aber allein aus purer Not: Es ist noch vollkommen abhängig von Zuwendung. Der Mensch kann da zwar ein Muttersatz sein, aber nur ein schlechter.

82
Warum kommt es vor, dass **Kater Kätzchen töten?**

Ob dieses Verhalten tatsächlich zuerst vom griechischen Geschichtsschreiber Herodot beobachtet wurde, ist heute nicht mehr zu entscheiden, auf jeden Fall war er wohl der Erste, der darüber schrieb und seine Schlüsse zog. Als er im 5. Jahrhundert v. Chr. Ägypten bereiste, bemerkte er den Zusammenhang, dass Kätzinnen, die ihre Jungen verloren haben, sofort wieder empfängnisbereit sind. Der nächste Kater kann umgehend Nachkommen zeugen. Er muss nicht warten, bis die Sprösslinge seines Rivalen groß genug sind. Tötet er die Jungen, wie es gelegentlich bei Haus- und Wildkatzen vorkommt, sichert er eigenen Nachwuchs schneller. Vor allem bei Löwen wurde dieses Verhalten beobachtet, und zwar dann, wenn der oder die Rudelführer wechseln. Die Weibchen steuern Gesundheit und Stärke des gesamten Rudels, indem sie immer wieder junge und kräftige Beschützer mit neuen Genen suchen. Ob die neuen Rudelführer die Jungtiere der Vorgänger töten, hängt ab von der Anzahl der gebärfähigen Löwinnen im Rudel. Sind es wenige, werden die noch kleinen Jungen eher getötet, größere Junge dagegen toleriert: Der Hauptaufwand für deren Aufzucht ist schon erledigt, sie werden schon bald zur Rudelstärke beitragen und ihre Mütter in absehbarer Zeit wieder empfängnisbereit sein.

83
Worauf sollte man achten, wenn man ein **neues Zuhause** für Katzenjunge sucht?

Irgendwann kommt der Zeitpunkt: Schweren Herzens muss man sich von den Jungen seiner Katze trennen. Man hat sie natürlich lieb gewonnen und kann sich kaum vorstellen, einen Platz zu finden, der ihnen die fröhliche Katzenfamilie ersetzen könnte. Auch wenn Katzen extrem anpassungsfähig sind, sollte man ihnen nicht zu viel abverlangen und ihrem individuellen Wesen und den Bedürfnissen ihrer Art gerecht werden. Ideal ist es, die Kätzchen in einer Umgebung unterzubringen, die derjenigen gleicht, in der sie aufwuchsen. Konnten sie hinausgehen, sollten sie nicht den Rest ihres gerade beginnenden Lebens eingesperrt werden. Haben sie Angst vor Kindern, sind sie nicht geeignet für eine vielköpfige junge Familie. Am allerbesten ist es, wenn die Kätzchen in ihrem neuen Zuhause freundliche Artgenossen vorfinden oder gleich mit einem Geschwister dorthin gehen.

Immer wieder melden sich auf Anzeigen auch Leute, die die Kätzchen nicht für sich haben, sondern sie verkaufen wollen, zum Beispiel an Fellhändler oder zur Abrichtung von Jagdhunden – ja, auch das gibt es. Verdächtig sind Anrufer, die keine Fragen stellen, etwa nach Fellzeichnung, Geschlecht der Tiere oder bisheriger Umgebung, oder Anwärter, die trotz mangelnden Interesses so viele Kätzchen wie möglich nehmen wollen.
Um seinen Katzennachwuchs vor solch grausamem Schicksal zu bewahren, können einige simple Maßnahmen helfen: So sollte man sich bei den Anrufern so ausführlich wie möglich über das zukünftige Zuhause für die Katze erkundigen und nur geimpfte und entwurmte Tiere abgeben. Die Kosten, rund 40 Euro, wird jeder ernsthafte und verantwortungsvolle Interessent zahlen, kämen sie doch ohnehin auf ihn zu. Es kann nicht schaden, im neuen Zuhause nach einigen Wochen anzurufen oder einen Besuch zu machen, um sich zu versichern, dass es den Kleinen gut geht. Tierfreunde werden dies verstehen. Das Tierheim und die Katzenhilfe machen es genauso. Nimmt man ein Tier von dort bei sich auf, muss man sich einverstanden erklären, unangemeldete Kontrolleure zu empfangen.

Biologie

Neben dem muskulösen Körper und den blitzschnellen Reflexen sind es vor allem die außerordentlichen Sinnesleistungen der Katzen, denen die menschliche Bewunderung gilt. Dabei sind sie noch längst nicht alle bis ins Detail entschlüsselt.

84
Haben Katzen einen guten **Geruchssinn?**

Katzen riechen um ein 30-Faches mehr als der Mensch, sie haben rund 200 Millionen Geruchsrezeptoren. Allerdings beschäftigen sich „nur“ drei Prozent ihres Gehirnvolumens mit olfaktorischen Reizen, beim Hund sind es fünf Prozent. Da aber die Katze ihre Beute in Sicht- oder Hörweite sucht, muss sie auch nicht über große Entfernungen Witterung aufnehmen. Gerüche spielen vor allem in ihrem sozialen Leben eine Rolle und dienen Information und Kommunikation unter den Artgenossen. Deshalb beschnuppern Katzen auch alles, was in ihre Reichweite gelangt, Futter sowieso, aber auch jeden neuen Gegenstand, jedes Paket, das ausgepackt wird, und Mensch und Mitkatze, wenn sie nach Hause kommen. Begrüßen Katzen sich freundlich, beschnuppern sie ihre Nasen. Das Riechen ist für eine Katze wie Zeitung lesen, so erfährt sie, was in der Welt vor sich geht. (➔ **115**, **116**, **119**)

85
Was ist das **Flehmen?**

Dabei handelt es sich um die Wahrnehmung durch das Jacobson'sche Organ. Über dieses zweite Geruchsorgan, es liegt im Gaumendach, hinter den Frontzähnen, verfügen sehr viele Säuger und auch Reptilien. Beim Menschen ist es rückgebildet. Das Jacobson'sche Organ ermöglicht die Witterung von Pheromonen, chemischen Signalstoffen, zu denen auch Sexuallockstoffe zählen, die aus so schweren Molekülen bestehen, dass die Nase sie nicht wahrnehmen kann. Der Mensch registriert Pheromone zwar auch, aber er merkt es nicht direkt.

Wenn die Katze flehmt, zieht sie die Mundwinkel nach hinten, sodass die Oberlippe sich aufstülpt, sie hält das Maul halb geöffnet und hebt den Kopf ein wenig. Die Zunge drückt sie gegen das Gaumendach, die Atmung setzt aus. Dabei ist sie ganz auf ihre Wahrnehmung konzentriert und scheint entrückt. Auf den menschlichen Beobachter wirkt diese Mimik eher wie ein begonnenes, aber unvollendetes Gähnen.

86
Hat die Katze einen guten **Geschmackssinn?**

Darüber ist wenig bekannt. Doch da die Katze nur über 500 Geschmacksknospen verfügt – zum Vergleich: der Mensch hat 9000 – scheint dieser Sinn von eher geringer Bedeutung. So viel muss sie ja auch gar nicht schmecken können, denn das Nahrungsspektrum der Beutefresserin ist nicht so breit, dass sie allzu große Überraschungen zu erwarten hätte. Im Zentrum ihrer Zunge haben Geschmacksrezeptoren noch nicht einmal Platz, dort sitzen die Hornplättchen, mit denen sie allerlei „raspeln" kann. Am besten erkennt die Katze die Geschmacksrichtung sauer, dann bitter, dann salzig. Süßes schmeckt sie gar nicht. (→ **32**)

87
Wie gut **hören** Katzen?

So gut, dass sie sich auf der Lauer vor dem Mauseloch spannend unterhalten fühlen. Was da los ist, weiß der Mensch überhaupt nicht, denn er nimmt Töne nur bis 20 000 Hz wahr. Nager unterhalten sich im Allgemeinen bei 40 000 Hz und Katzen hören sogar noch für uns „ungesunde" 100 000 Hz. Auch können sie orten, wo im Strohhaufen eine Maus gerade raschelt. Dabei sind ihnen ihre besonders großflächigen, mit vielen Windungen versehenen Ohrmuscheln von Vorteil, mit denen sie Schallwellen optimal auffangen können. Damit sie ihre Ohren auch schnell in die richtige Richtung drehen können, halten rund 30 Muskeln sie beweglich. Die Ohrmuscheln können sogar gleichzeitig auf verschiedene Objekte gerichtet werden. Leider verlieren viele Katzen ihr gutes Gehör im Alter oder werden gar taub. Der Mensch hört allerdings genauer, fanden Neurologen der Hebräischen Universität Jerusalem heraus: Er kann auch feinste Frequenzunterschiede wahrnehmen. Sie vermuten, dass durch die Differenzierung Gedächtnis oder Lernvermögen verbessert werden.

88 Sehen Katzen wie die Menschen?

Teils, teils. Katzen sehen räumlich wie der Mensch, weil sie binokular sehen, das heißt, mit beiden Augen in dieselbe Richtung zu schauen. Als Jägerinnen müssen sie das auch, denn sonst könnten sie zum Beispiel ihren Beuteansprung nicht genau berechnen und würden nie eine Maus erwischen. Ihr Gesichtsfeld ist mit 295 Grad deutlich größer als das des Menschen mit 210 Grad, dafür sind ihre Augen weniger beweglich. Das räumliche Sehen ist bei Katzen sogar sehr ausgeprägt, wie aus den Verknüpfungen im Gehirn zu schließen ist. Kein Wunder, denn sie müssen eine möglichst genaue „innere" Karte ihres Reviers anlegen, mit seinen Grenzen, seiner Topografie, seinen günstigsten Routen und den Stellen, an denen das Jagdglück groß oder Wasser zu finden ist.

89 Erkennen Katzen Gesichter?

Katzen differenzieren Gesichtszüge nicht so genau, sie nehmen die Konturen des Gesichts kaum wahr, wenn sie uns Menschen betrachten. Aber Gesichtszüge brauchen sie ja normalerweise auch nicht so genau zu unterscheiden, weil sie Tier und Mensch anhand der Umrisse, der Stimmen und des Geruchs erkennen. Dafür bleibt ihnen die kleinste Bewegung nicht verborgen. Besonders scharf sehen Katzen in einer Entfernung von zwei bis sechs Metern, also einer üblichen Sprunglänge.

90 Sehen Katzen Farben?

Katzen sehen die Welt nur in gedämpftem Blau und Grün sowie in Grautönen. Rezeptoren für Rot wurden noch nicht entdeckt. Als dämmerungs- und nachtaktive Tiere müssen sie Rottöne, die von der Dunkelheit verschluckt werden, nicht so genau erkennen können. In der Netzhaut befinden sich lichtempfindliche Stäbchen und farbempfindliche Zapfen, die entsprechende Impulse ans Gehirn senden. Die für Katzen viel wichtigeren Stäbchen sind um ein 63-Faches häufiger vorhanden als die Farbrezeptoren. Bei Menschen beträgt das Verhältnis 20:1. Dafür ist die Erfassungsgeschwindigkeit des Katzenauges doppelt so hoch wie die des Menschenauges, deshalb können Stubentiger auch lässig eine Fliege fangen.

91
Warum können Katzen **im Dunkeln sehen?**

Katzen haben im Verhältnis zu Kopf und Körper große Augen und große Pupillen, die viel Licht aufnehmen können, außerdem verfügen sie über viele lichtempfindliche Rezeptoren. Jene Stäbchen auf der Netzhaut sind schon bei ganz wenig Licht aktiv und rund 10 000-mal lichtempfindlicher als die Zapfen, die für die Farberkennung sorgen. (➔ **90**) Hinter der Netzhaut liegt eine lichtreflektierende Schicht. Dieses Tapetum lucidum wirft das Licht zurück auf die Netzhaut, das somit gewissermaßen ein zweites Mal Verwendung findet, und bewirkt das Leuchten von Tieraugen etwa im Scheinwerferlicht. Vor sehr langer Zeit hatte man dafür die hübsche Erklärung, dass aus den leuchtenden Katzenaugen in der Nacht das tags gespeicherte Sonnenlicht strahle. Katzen können noch etwas sehen, wenn Menschen um sich herum bloß noch Schwarz wahrnehmen, gleichwohl benötigen auch sie etwas Licht, wenn auch fünf- bis sechsmal weniger als der Mensch.

92
Mögen Katzen **Fernsehen?**

Da sie nicht so konturenreich sehen wie Menschen, erkennen sie auf dem Bildschirm allenfalls bewegliche Punkte, die viele Katzen schnell als leblos und daher uninteressant einstufen, während sie auf Geräusche, die aus dem Fernseher kommen, deutlich reagieren, am stärksten auf Laute kätzi-

scher Herkunft. Da sind sie gleich hellwach und spitzen die Ohren. Jedoch bringen sie sie kaum mit dem langweiligen Kasten in Verbindung.
Es gibt aber auch Katzen, vor allem junge, die auf bewegliche Objekte auf dem Bildschirm reagieren. Sie schnellen mit der Pfote an die Stelle, an der sich etwas bewegt, und suchen das Objekt, das sich aus dem Bild entfernt hat, hinter dem Fernseher. Hierbei wird es sich aber vermutlich eher um das Spiel mit etwas Beweglichem handeln, das genauso gut ein Bällchen sein könnte.

93
Wie funktionieren **Schnurrhaare?**

Diese Wunderwerke des Tastsinns heißen streng wissenschaftlich Vibrissen und man sieht sie an vielen Säugern. Wenn der Mensch etwas über Position, Geschwindigkeit, Winkel und Beschaffenheit eines Objekts erfahren will,

muss er sich auf sein vergleichsweise ungenaues Augenmaß oder seinen rudimentären Tastsinn verlassen. Zwar bestehen die Vibrissen wie alle Haare aus Horn, fallen aus und wachsen nach, sind aber dicker und viel fester. Sie sitzen an der Schnauze, über den Augen und an den Wangen.
Die Wurzel des Schnurrhaars liegt in einem Haarbalg, der zwischen äußerer und innerer Wand Blut enthält. In der Wand liegen freie Nervenenden. Sobald das Schnurrhaar sich bewegt, wird das Blut verdrängt und gibt so Impulse an die Nerven weiter, die diese Nachrichten in die betreffenden Hirnregionen senden. Auf diese Weise kann das Tier komplexe Informationen über das abgetastete Objekt und seine Umgebung gewinnen und erhält daraufhin beispielsweise das Signal, den Tötungsbiss anzusetzen.

94
Was kann das Schnurrhaar **noch?**

Weil die Schnurrhaare der Katze von Muskeln umgeben und daher sehr beweglich sind, lässt sich an ihnen auch die Gemütsverfassung der Trägerin ablesen: In Ruhestellung, die mit Behagen und Sicherheit einhergeht, sind sie seitwärts gerichtet und wenig gespreizt. Sie legt sie zurück, wenn sie etwas beschnuppert. Sind die Schnurrhaare eng und in schmalen Büscheln angelegt, ist das ein Zeichen für Zurückhaltung oder gar Ängstlichkeit. Sind sie breit gefächert nach vorn gestellt, befindet sich die Miez in aufmerksamer Haltung, bereit in Aktion zu treten.

95
Was **lernt der Mensch** vom Schnurrhaar?

Eine Art der Wahrnehmung, die so überaus zuverlässig, umfassend und mehrdimensional ist, dass nun die Robotertechnik sie entdeckt hat. Die mechanischen Schnurrhaare sind mit einem Drehmotor verbunden, der ihre spezifischen

Verbiegungen überträgt, die durch das Auftreffen auf ein Hindernis oder Luftströmungen entstehen, sodass auf Umrisse und Beschaffenheit geschlossen werden kann. Schnurrhaarroboter sollen zum Beispiel in unbekanntem Gelände zum Einsatz kommen, um Minen und Vermisste zu suchen. Forscher aus sieben Ländern haben nun die Gruppe Biotact gegründet, die sich der bislang sträflich vernachlässigten Schnurrhaartechnik angemessen widmen soll.

96
Haben Katzen **übersinnliche** Fähigkeiten?

Gemessen am Menschen, ja. Aber das heißt nicht viel, denn dessen Sinne sind vergleichsweise stumpf. Die Sinne der Katze sind um ein Vielfaches besser ausgeprägt. Daraus lassen sich ihre vermeintlich übersinnlichen Kräfte erklären, all diese Geschichten von Katzen, die einen epileptischen Anfall, gar den Tod eines Menschen herannahen fühlen oder eine schwere Krankheit erkennen können. Es sind Veränderungen im Stoffwechsel, die Katzen mit ihren feinen Nasen feststellen. Wenn ein Mensch stirbt, fallen einige Stunden vor seinem Tod schon Organe aus oder arbeiten nicht mehr richtig, sodass sich sein Geruch verändert. Krebserkrankungen nehmen Katzen wahr, weil sich in Tumoren Benzol und alkalische Derivate finden, die gesundes Gewebe nicht hat und die scharf in die Katzennase stechen. Hunde, die viel feinere Nasen haben als Katzen, zeigen auch diese Fähigkeit, doch vielleicht wird sie nicht als so spektakulär wahrgenommen, weil man ihnen gemeinhin eine engere Bindung zum Menschen attestiert als Katzen.

97

Warum ahnen Katzen **Erdbeben** voraus?

Weil sie auch ganz leichte Erschütterungen wahrnehmen, die ein Seismograf kaum zu registrieren vermag. In vielen Organen, zum Beispiel in der Blase, aber auch in den Ballen ihrer Pfoten sitzen die Vater-Pacini-Körperchen, die schon auf geringsten Druck und kaum merkliche Vibrationen reagieren. Dies kann das Trippeln einer Maus, aber eben auch ein bevorstehendes Erdbeben sein. Auch könnten Änderungen des Magnetfelds und eine Erhöhung der statischen Elektrizität eine Katze in Unruhe versetzen. Manche Menschen, die Nervosität oder gar Panik ihrer Katze zu deuten vermochten, konnten sich durch diese Vorwarnung retten.

98

Wie finden Katzen auch über weite Distanzen **nach Hause zurück?**

Genau weiß man das immer noch nicht. Dazu gibt es nur Hypothesen: Möglicherweise orientieren sich Katzen wie zum Beispiel Vögel, Meeressäuger oder Fische bei weiteren Entfernungen am Erdmagnetfeld oder dem Stand der Sonne. Bei kürzeren Distanzen von wenigen Kilometern helfen ihnen vermutlich topografische Besonderheiten, an denen sich auch ein Mensch orientieren würde, oder vertraute Geräusche. Da die

Katze über eine genaue innere Karte ihrer gewohnten Umgebung verfügt, kann sie neue Perspektiven auf Bekanntes oder eine größere Distanz zu oft wahrgenommenen akustischen Reizen in ihre Karte einordnen und sich so orientieren. Natürlich haben Freigänger, die einmal verloren gehen, es in einem solchen Fall viel einfacher als Stubentiger, die wenige Meter vor der Haustür schon Neuland betreten.

99
Wie kann die Katze so hervorragend ihr **Gleichgewicht** halten?

Ihren langen, beweglichen Schwanz setzt die Katze ein wie ein Ruder. Welche Bedeutung er beim Balancieren und Springen hat, wird ersichtlich, wenn man Katzenbabys mit ihren kurzen, dünnen Schwänzchen beim Trainieren dieser Fertigkeiten betrachtet, das oft mit einer Bauchlandung endet. Das außerordentliche Vermögen, Gleichgewicht zu halten, das sie auch vor Schwindelgefühlen bewahrt, verdankt die Katze dem Labyrinth in ihrem Innenohr, in dem räumliche Veränderungen wahrgenommen werden, und den besonders aktiven und eng verknüpften Zonen von Motorik und Gleichgewicht im Kleinhirn.

100
Warum überlebt eine Katze den **Sturz** in die Tiefe, verletzt sich aber, wenn sie aus geringer Höhe fällt?

Katzen verfügen über einen Umdrehreflex, der in der Wissenschaft Labyrinthstellreflex heißt. Der Mensch verdankt ihm das Vermögen, den Kopf immer oben zu behalten. Wenn Katzen fallen, drehen sie sich innerhalb eines Meters Fallstrecke so, dass die Pfoten nach unten zeigen. In diesem Manöver helfen der Gleichgewichtssinn und das Vermögen, durch das Ausstrecken der Beine und das Gegensteuern des Schwanzes die Rotation zu vermeiden, die einen fallenden Körper erfasst. Auch dass die Katze klein und leicht ist, erhöht ihre Chance, einen Sturz aus großer Höhe zu überleben. Sie hat stärkere Knochen als größere Säuger und fällt langsamer als schwere Tiere und nur halb so schnell wie ein Mensch. Bei einer längeren Fallstrecke vermag die Katze sich zu stabilisieren, indem sie alle Viere weit von sich streckt und so zu Boden „segelt". Dadurch wird die Wucht des Aufpralls auf eine größere Fläche verteilt und vermindert. Das heißt aber nicht, dass sie unverletzt bleibt, im Gegenteil tragen die Stubentiger oft Knochenbrüche oder gar einen Schädelbasisbruch davon. Die Statistiken, wie viele Katzen einen Sturz aus großer Höhe überleben, sind nur bedingt aussagekräftig, denn kommt eine Katze ums Leben, wird sie natürlich nicht zum Tierarzt gebracht und geht damit kaum in eine Zählung ein.

101
Warum **spielen** Katzen gern?

Um ihre Jagdlust abzureagieren. Wenn sie stundenlang mit einem kleinen beweglichen Gegenstand so possierlich über den Teppich kugeln und springen, imitieren sie das Fangen, das Nachjagen, das Greifen. Vor allem wenn sie ausschließlich in der Wohnung gehalten werden, ist dieses Toben bitter nötig. Der ganze Körper einer Katze, ihr Bewegungsapparat, ihre Sinne zeugen davon, dass sie Spitzenleistungen vollbringen kann und nicht dazu gemacht ist, auf dem Sofa zu dämmern. Wenn sie schon ein Leben in der Wohnung fristen muss, dann muss ihr Mensch sich viel mit ihr beschäftigen, das heißt, auch spielen. Am besten gefällt es ihr, einem Gegenstand an einer Schnur nachzujagen, dabei kann es auch ruhig ein wenig wild zugehen. Da Organismus und Bewegungsapparat der Katze auf Höchstleistungen, nicht aber auf Ausdauer ausgerichtet sind, sollte man lieber mehrmals am Tag mit ihr spielen und nur so lange, wie sie selbst möchte. Legt sie sich hin, darf man sie nicht drängeln.

Es lohnt sich, zu testen, ob die Katze gern apportiert. Das hält sie nicht nur in Bewegung, sondern beansprucht verschiedene Fertigkeiten: Sie muss das geworfene Objekt suchen, es womöglich aus einem schmalen Spalt hervorholen oder über allerlei Hindernisse klettern.

102
Warum **verschlafen** Katzen den größten Teil ihres Lebens?

Weil sie sich zu viel Bewegung nicht leisten können. Als Hypercarnivoren nehmen Katzen zwar extrem nährstoffreiches Futter auf, müssen sich aber jede Mahlzeit hart verdienen und nicht alle Anläufe sind erfolgreich, obwohl sie im Springen und Sprinten Meisterhaftes vollbringen. Dies kostet Energie. Und die sparen sie am besten, indem sie öfter mal ein Päuschen einlegen. (→ **10**) Katzen schlafen 15 bis 18 Stunden täglich, rund zwei Drittel ihres Lebens. Im Tiefschlaf befinden sie sich allerdings nur drei bis vier Stunden. Diese Phase erkennt man daran, dass sie ganz entspannt daliegen, häufiger zucken und zu träumen scheinen. Während der restlichen Zeit ist der Schlaf so leicht, dass sie hellwach hochfahren, sobald ein interessantes oder bedrohliches Geräusch an ihr Ohr dringt.

Der Schlaf kann auch Schutz bieten, sind sie doch in Ruhestellung deutlich unauffälliger und damit weniger gefährdet, wenngleich europäische Hauskatzen im Freien außer in ihresgleichen und anderen ebenbürtigen Gegnern nur im Menschen einen potenziellen Feind haben.

103
Woher weiß die Katze, wie **spät** es ist?

Katzen haben einen hervorragenden Zeitsinn. Nicht nur, dass sie ein Leben in geregelten Bahnen mögen, auch bei ihren Reviergängen spielt die Zeiteinteilung eine große Rolle. (→ **116**) Mittlerweile weiß man aus Versuchen mit Mäusen und Ratten, dass Melanopsin auf die Steuerung der inneren Uhr viel Einfluss hat. Dieses Protein befindet sich in Ganglienzellen, die in der Netzhaut liegen, und bewirkt, dass diese Nervenzellen unabhängig von den Stäbchen (→ **90**, **91**) auf Lichteinfall reagieren. Vermutlich spielt sich der Prozess auch bei allen anderen Säugern auf diese Weise ab.

104
Was passiert bei der **Katzenwäsche?**

Mit ihrer rauen Zunge schleckt die Katze Schmutz, Ungeziefer und ausgefallene Haare von ihrem Fell. Die Katzenzunge ist besetzt mit feinen Hornplättchen, die wie Widerhaken all das, was dort nichts zu suchen hat, aufnehmen. Weil die Miez von akrobatischer Gelenkigkeit ist, erreicht sie fast jede Stelle. Nur im Gesicht und am Kopf kommen die angefeuchteten Pfoten zum Einsatz. Eine Stunde und 40 Minuten

täglich verbringt die Kätzin – ein Kater etwas weniger – mit der Pflege des Haarkleids. Kein Wunder, ein sauberes Fell ist ihr Schutz. Durch das Lecken werden die Talgdrüsen an den Haarwurzeln aktiviert, sodass das Fell wasserabstoßend und geschmeidig wird. Es bewahrt sie vor Verletzungen, vor Sonneneinstrahlung, vor Hitze genauso wie vor Kälte und es reguliert ihren Wärmehaushalt.

105
Warum lassen sich Katzen so gern die **Sonne** auf den Pelz scheinen?

Es scheint für Katzen wenig Schöneres zu geben, als in der prallen Sonne zu liegen, und sie können es kaum warm genug haben. Beim Sonnenbad lässt sich sogar das Angenehme mit dem Nützlichen verbinden. Cholesterin, das im Talg enthalten ist, wandelt sich auch bei der Katze unter UV-Strahlung in Vitamin D um. Da Fensterglas die UV-Strahlen filtert, funktioniert dies natürlich nur draußen so richtig. Stubentiger müssen Vitamin D durch die Nahrung aufnehmen. (➔ **23**)

106
Muss das **Fell** einer Katze **gepflegt** werden?

Nicht zwingend und niemals mit Wasser. Haben Katzen ein besonders dichtes oder langhaariges Fell, sollte man sie öfter bürsten, denn sie sind mit der Fellpflege womöglich überfordert. Je länger das Fell, desto mehr Schmutzpartikel können sich darin festsetzen, außerdem verschluckt die Katze beim Putzen stets Haare. Diese würgt sie zwar irgendwann wieder heraus, sind es jedoch zu viele, können Beschwerden oder sogar ein Darmverschluss auftreten. (➔ **33**) Diese Probleme betreffen aber eher langhaarige Rassetiere. Bei alten oder kranken Miezen, wenn sie zum Beispiel einen Trichter tragen müssen, kann es vorkommen, dass sie manche Stellen nicht mehr erreichen. Sollten sich dort verfilzte Stellen bilden, ist es besser, sie mit der Schere vorsichtig abzuschneiden.

107
Haben Katzen ein **Winterfell?**

Ja, wenn sie Freigänger sind. Das Winterfell bildet sich sehr schnell, wenn die Temperatur fällt. Aber auch mit ihrem dichten Pelz liegen sie gern in der warmen Wohnung, denn er isoliert sie gut. Sobald es wärmer wird, verliert die Katze das Winterfell. Sicher freut sie sich, wenn man die ausfallenden Haare öfter mit der Bürste beseitigt und sie nicht so viele schlucken muss. Bei Katzen, die in der Wohnung mehr oder weniger gleichbleibenden Temperaturen ausgesetzt sind, findet ganzjährig ein wenig Fellwechsel statt.

108
Frieren Katzen?

Wenn draußen Minusgrade herrschen, frieren auch Katzen. Man sieht es an der Körperhaltung: Sie rollen sich zusammen und halten alle Extremitäten ganz eng an sich. Trotz ihres kuscheligen Winterfells macht extreme Kälte ihnen zu schaffen und es besteht die Gefahr von Erfrierungen: an den ungeschützten Ohren, der Schwanzspitze und, trotz der

dicken Hornschicht, an den Ballen. Ein durchnässtes Fell, das nicht mehr isoliert, kann zum Tod durch Unterkühlung führen. Ist eine Katze ins Wasser gefallen oder im Eis eingebrochen, muss sie abgetrocknet, gewärmt und womöglich ärztlich behandelt werden.
Wild lebende Katzen haben es in strengen Wintern besonders schwer. Vielleicht kann man ihnen einen Zugang zum Keller schaffen oder eine gut isolierte Kiste aufstellen. Sie sollte einen größeren Abstand zum Boden haben, geschützt stehen und mit Styropor ausgekleidet sein. Eine Isomatte und/oder Stroh schaffen eine gute Unterlage. Decken, Heu oder Zeitungen sind weniger geeignet, weil sie die Feuchtigkeit zu stark aufnehmen und gefrieren können. Ganz wichtig – für alle Katzen – ist eine große Portion Futter, denn der Wärmehaushalt braucht nun besonders viel Energie.

109 Schwitzen Katzen?

Ja, aber nur an wenigen Stellen. Ihre Schweißdrüsen, die zugleich Duftinformationen abgeben, sitzen zwischen den Ballen an den Pfoten, an den Lippen, im Kinnwinkel und am After. Da Katzen aus dem heißen Süden kommen, sind sie kaum hitzeempfindlich. Im Gegenteil, sie können sich überraschend lang die Sonne auf den Pelz scheinen lassen. Wenn es doch einmal zu heiß wird, strecken sie den Körper weit aus, legen sich flach auf kühle Unterlagen wie beschattete Steine, um möglichst viel Körperoberfläche angenehm temperieren und einen erfrischenden Luftzug über sich streichen zu lassen. Bei extremer Hitze hecheln sie auch, das heißt, sie atmen mit geöffnetem Maul, um dem Körper durch Verdunstungskühle auf den feuchten und gut durchbluteten Schleimhäuten Erleichterung zu verschaffen.

110
Wer **trachtet** der Katze nach ihrem **Pelz?**

Jeder, der sich über echtes Fell auf Kleidern, Accessoires oder Spielzeug freut. Das Wunderwerk des Katzenhaarkleids wird leider allzu gern als nicht näher bezeichneter Fellbesatz verwendet oder als hilfreich zur Linderung von Arthrose empfohlen. Die Tiere, die ihr Leben dafür lassen müssen, dazu zählen auch Hunde, werden oft unter schrecklichen Bedingungen gezüchtet. Damit ist zumindest in der EU ab 2009 Schluss. Die EU-Landwirtschaftsminister haben ein Gesetz erlassen, das die Einfuhr von Katzen- und Hundefellen und den Handel damit verbietet.

111
Was löst eine **Katzenallergie** aus?

Die allergischen Reaktionen, die viele Menschen gegenüber Katzen und anderen Tieren zeigen, werden nicht durch deren Haare hervorgerufen, sondern durch ihren Speichel, der bei der Fellpflege auf das Haar übertragen wird, genauer: ein bestimmtes Eiweiß im Speichel.

Aber es werden nicht nur Menschen von Tieren geplagt, auch gibt es Haustiere, die unter einer Menschenallergie leiden. Biologen der University of Edinburgh fanden kürzlich heraus, dass zwei von 100 Hausmiezen, besonders Siamkatzen, gegen menschliche Haare und Hautschuppen allergisch sind, was sich durch die bekannten Symptome zeigt: Juckreiz, Niesen, Husten und sogar Asthma. Die Forscher vermuten Mykoplasmen, zellwandlose Bakterien, als Urheber. Das Schicksal teilen Katzen mit einer steigenden Zahl von Hunden, Pferden und Vögeln. Mittlerweile soll jedes zwanzigste Haustier allergisch auf Menschen reagieren.

112
Warum haben manche Katzen Angst, vom Baum **herabzuklettern?**

Gerade junge Katzen, die erstmals einen Baum hochjagen, etwa weil sie sich schnell in Sicherheit bringen müssen, sitzen dort oben, bis die Feuerwehr kommt. Nichts kann sie dazu bewegen, herunterzukommen, sobald sie gemerkt haben, dass sie sich nicht festhalten können, wenn sie mit dem Kopf voran hinabklettern wollen. Ihre Krallen sind so gebogen, dass sie nur Halt am Stamm finden, wenn sie sich einhaken können – deshalb kommen sie ja auch so prima hinauf. Noch dazu sind die Zehen ihrer Hinterpfoten und die Gelenke vergleichsweise unbeweglich. Wenn sie es nie an einer anderen Katze beobachtet haben, müssen sie selbst darauf kommen, dass der Abstieg nur rückwärts gelingen kann – keine leichte Aufgabe für eine junge, unerfahrene Katze.

Verhalten

Das Verhalten der Katze gilt oft noch immer als rätselhaft und unergründlich, dabei ist es leicht zu verstehen, wenn man sich nur vorstellt, wie die Katze in ihrer idealen natürlichen Umgebung lebt.

113
Was macht die Katze, wenn sie **ausgeht?**

Diese Frage, die alle Halter von Freigängern zutiefst beschäftigt, wollte Jürgen Perthold nicht länger unbeantwortet lassen. Der in den USA ansässige deutsche Entwicklungsingenieur bastelte seinem Kater eine Kleinstkamera fürs Halsband, die alle 90 Sekunden ein Foto macht. Und er staunte nicht schlecht, was Mr. Lee den Tag über so erlebt. Neben Streifzügen durchs Grüne und dem Anbändeln mit einer Katzendame hielt der vermeintliche Einzelgänger auch seine regelmäßigen Zusammenkünfte in geselliger Runde fest, unter parkenden Autos mit Panoramablick über die

ganze Straße. Eine Auswahl der Fotos ist auf der Website www.mr-lee-catcam.de zu betrachten und den Fotoapparat kann man dort auch bestellen. 6 × 4 × 2,5 Zentimeter groß und 60 Gramm schwer, lässt er sich problemlos am Halsband befestigen.

114
Wie sieht der **Katzenalltag** im Revier aus?

Auch wer seine Katze keine Dokumentation erstellen lässt, kann sich vorstellen, dass draußen das Ruhen ebenfalls seine Zeit in Anspruch nimmt, an geschützten, sonnigen Plätzchen mit Aussicht zum Beispiel. Von dort aus kann die Miez beobachten, wer sonst noch unterwegs ist, mögliche Beute ins Auge fassen und sich vom Treiben der Vögel unterhalten lassen, bis wieder mal ein Ortswechsel angebracht scheint. Aber was sich dem menschlichen Beobachter als Dolcefarniente darstellt, ist tatsächlich ein wohl organisierter Arbeitstag. Eine wichtige Aufgabe im Leben einer Katze besteht nämlich in der Kontrolle des Reviers und darin, strategisch günstig Zeichen der eigenen Anwesenheit zu hinterlassen. Und natürlich müssen die Spuren von Artgenossen und Passanten gelesen werden.

115
Wie **verständigen** sich Katzen untereinander?

Katzen pflegen intensive Kontakte zu ihren Nachbarn, Geschwistern, zur Mutter, ihrem erwachsenen Nachwuchs, Sexualpartnern und auch zu Fremden, die ihr Revier durchqueren. Ein Großteil ihrer Kommunikation findet mittels Markierungen statt. Diese Äußerungen sind für Menschen selten wahrnehmbar, doch für Katzen bestimmen sie das soziale Umfeld. Anhand der Duftmarkierungen, die durch Urin, Kot, Speichel und Sekrete aus Drüsen an Pfoten, Wangen, Lippen, am Kinn und an der Schwanzwurzel, bei Katern auch aus dem Analbeutel aufgetragen werden, erfahren sie alles Wissenswerte übereinander: Identität, Geschlecht, Paarungsbereitschaft, Revieransprüche, Zeitpunkt des Besuchs. Sie erfahren, wie alt der andere ist, ob er gesund oder krank, gut oder schlecht gelaunt ist, ob sie sich vor ihm in Acht nehmen sollten oder ob er ein ungefährlicher Zeitgenosse ist.

Die Markierungen werden besonders häufig an den Reviergrenzen hinterlassen, aber auch an belebten Pfaden, Wegkreuzungen und weithin sichtbaren Plätzen wie allein stehenden Bäumen, auffälligen Grasbüscheln, großen Steinen, Hauswänden oder anderen hoch aufragenden Orientierungspunkten. Kater reiben gern die Wangen an

ihren eigenen Markierungen, denn so können sie den persönlichen Auftritt eindrucksvoll unterstreichen.
Um den Duftzeichen visuelle Aufmerksamkeit zu verschaffen, schlagen Katzen ihre Krallen in Baumrinde oder ähnliche Materialien, in denen sie tiefe, unübersehbare Kratzer hinterlassen, was auch gleich noch zur Krallenpflege taugt. Auch dabei geben sie Duftsekrete ab, die aus den Drüsen an den Pfoten stammen. (→ **137**) Oder sie scharren den Grund auf, um deutlich sichtbar zu machen, wo sie uriniert haben, und die Erde zusätzlich durch den Duft der Drüsen zwischen den Pfotenballen zu parfümieren. Dominante Katzen, vor allem Kater, hinterlassen auf so entstandenen Anhäufungen auch gern ihren Kot.

116
Warum geben Katzen sich solche Mühe mit ihren **Markierungen?**

Um den Umgang miteinander möglichst friedlich zu gestalten. Spätestens zur Paarung sollten die Katzen ohne konfliktträchtige Missverständnisse zusammenfinden. Bewehrt mit messerscharfen Zähnen und Krallen, scheuen sie aus gutem Grund eine direkte Konfrontation mit Artgenossen und teilen ihre Warnungen lieber aus der Entfernung mit. Auf diese Weise erstellen sie eine Art Stundenplan, sodass ein und dasselbe Territorium zu verschiedenen Revieren gehören kann, ohne dass deren Inhaber aufeinandertreffen würden, denn sie haben ihr Wegerecht nur zu bestimmten Zeiten, die peinlich genau eingehalten werden.

117
Was passiert, wenn **zwei Katzen** aufeinandertreffen?

Stehen doch mal zwei Katzen unbeabsichtigt einander gegenüber, so wird in der Regel durch Mimik und Gestik wie das Abwenden des Blicks ausgehandelt, wer wo passieren darf. Sitzt eine Katze auf einem Lieblingsplatz, gilt oft das Recht des Schnelleren, das heißt, sie wird nicht vertrieben, auch nicht von einer dominanten Artgenossin. Katzen wissen, dass Kämpfe untereinander schwere Verletzungen einbringen können. Sie versuchen lieber, sich zu einigen, auch wenn sie unvorbereitet aufeinandertreffen. Kommt es doch einmal zu einem Kampf, bestimmt dessen Ergebnis aber nicht dauerhaft das Kräfteverhältnis.

118
Sprechen Katzen immer die **gleiche Sprache?**

In der Regel ja. Doch manche Miezen können sich einfach nicht, ausstehen, und wenn Katzen wie Fritzi, die ohne Mutter und Geschwister mit der Flasche großgezogen wurde und daher manches nicht gelernt hat (→ **79**, **80**), auf weniger verträgliche Artgenossen stößt wie einst auf Nachbar Grobi, können die Fetzen fliegen. An Fritzi lässt sich gut beobachten, dass sie nicht im Spiel lernen konnte, wo Schmerz- und Kräftegrenzen liegen. Angesichts einer Bedrohung ergreift sie zwar schnell die Flucht, doch ist dieser Weg verbaut, geht sie ohne jeden Versuch der Diplomatie zum Angriff über. Stößt sie auf einen unerschrockenen Gegner wie Grobi, der innerhalb kürzester Zeit durch die Katzenklappe bei uns aus und ein ging, werden Kämpfe ausgefochten, wie Katzen sie normalerweise vermeiden: Zweimal waren Fritzis Biss- und Kratzwunden so tief, dass sie genäht werden mussten – natürlich mit Vollnarkose und Kragentragen. Diese Begegnungen der anderen Art fanden zum Glück schnell ein Ende, weil Grobi wieder ausgezogen ist.

119
Wie reagieren Katzen auf **Duftsignale?**

Sie antworten. Die Duftmarkierungen bieten zum einen brandaktuelle Verkehrsnachrichten und Kontaktanzeigen, zum anderen geben sie den Rückblick auf die letzten Wochen. Gerät ein umherschweifender Kater auf fremdes Territorium und findet nur alte Nachrichten, wird er nicht besonders beunruhigt sein und probehalber gleich mal seine Spuren hinterlassen: Mal sehen, was passiert. Oder er markiert dieselbe Stelle: Wer hat hier wohl das letzte Wort? Duftmarkierungen halten zwar länger vor, doch nach drei bis vier Wochen verlieren sie ihre Wirkung als Signal für Besitzansprüche. Klar, dass das regelmäßige Abschreiten des Reviers und das gewissenhafte Markieren von existenzieller Bedeutung sind und täglichen Einsatz erfordern. Andererseits zwingt keine Duftmarkierung eine Katze zur Umkehr, aber sie weiß nun Bescheid und wird sich dementsprechend verhalten.

120
Warum ist die Kätzin stärker **reviergebunden** als der Kater?

Ein wichtiges Thema im Leben eines Katers sind fortpflanzungsbereite Kätzinnen. Um diese zu treffen, macht er sich immer wieder auf weite Wege. Die Kätzin braucht nichts anderes zu tun, als auf den Richtigen zu warten. Da sie aber nicht nur für sich sorgen muss wie ein Kater, sondern auch für ihre Jungen, ist es wichtig, dass sie jeden Winkel ihres Territoriums genau kennt und weiß, wo die meiste Beute zu finden ist. Je besser eine Katze ihre Kleinen versorgen kann, desto schneller gedeihen sie und desto mehr Kräfte spart die Mutter. Natürlich braucht es eine Zeit, ein Revier so gut kennenzulernen, daher wird jeder Ortswechsel vermieden, solange es keine zwingenden Gründe gibt. Wenn eine Katze aber entdeckt, dass ein besseres Gebiet zu haben ist, eines, das größeren Jagderfolg oder verträglichere Nachbarn verspricht, wird sie ganz unsentimental dorthin ziehen.

121
Soll der Mensch der Katze gegenüber **Reviergrenzen** verteidigen?

Dieser Ratschlag ist manchmal zu lesen und wird damit begründet, dass diese Verhaltensweise artgerecht sei. Dabei ähnelt das Verhältnis von Katze zu Mensch weniger dem zwischen gleichberechtigten, konkurrierenden Artgenossen, sondern eher dem zwischen Katzenkind und Mutter. Diese zeigt ihren Jungen gegenüber auch kein Revierverhalten und eine Katze wird das von ihrem Menschen daher kaum erwarten. Freigänger müssen ohnehin draußen genug Grenzen beachten, um in Frieden leben zu können, und Katzen, die zu mehreren in einer Wohnung leben, teilen sich diese selbst nach allen Regeln der Kunst ein. Hält man eine einzelne Katze und lässt sie nicht heraus, sollte man ihr eine weitere Einschränkung ihrer kleinen Welt ersparen.

122
Wo steht der **Futternapf** und wie sieht er aus?

Dass der Futternapf in der Küche steht, ist naheliegend, schon allein weil der Fußbodenbelag drum herum gut zu reinigen sein sollte. Katzen zerren ihr Futter gern aus dem Napf heraus und fressen es vom Boden. Dabei bleiben immer Überreste zurück. Der Miezenteller darf ruhig aus Porzellan oder Edelstahl sein – gut zu reinigen und geruchsneutral. Übrigens mögen Katzen es gar nicht, beim Ausschlecken eines tiefen Napfes mit ihren Schnurrhaaren am Rand anzustoßen, flache Teller sind ihnen lieber. Die handelsübliche Kombination mit Näpfen für Futter und Wasser kann man sich sparen, denn Stubentiger trinken selten dort, wo sie fressen. (➔ **31**) In der Wohnung suchen sie sich zumeist ein großes Trinkgefäß wie eine Gießkanne. Sollte Vergleichbares nicht zugänglich sein, trinken manche Katzen auch aus der Toilette oder am laufenden Wasserhahn. Man sollte seiner Katze die Freude machen, sie aus dem Gefäß ihrer Wahl trinken zu lassen.

123
Wohin mit der **Katzentoilette** und welches Modell soll es sein?

Das wohl berühmteste Utensil der Katze ist leider immer wieder Quelle von Missbehagen. Dann nämlich, wenn sie es nicht zu kennen scheint. Daher sollten Beschaffenheit und Standort mit Bedacht gewählt werden. Die Katze möchte ihre Hinterlassenschaften nämlich weder in der Nähe ihrer Lieblingsplätze deponieren, noch sie an einem allzu unruhigen Platz loswerden. Wird sie bei ihrem Geschäft zu oft gestört oder fühlt sie sich unsicher und beobachtet, kann es gerade bei einer ängstlichen Katze zu Unsauberkeit kommen. Und natürlich darf das Katzenklo nicht neben dem Fressnapf stehen. Manche Miezen fühlen sich in einer überdachten Toilette wohl, die auch dem Bedürfnis des Menschen entgegenkommt, der nicht dauernd in der Katzenstreu stehen will, anderen fällt darin buchstäblich die Decke auf den Kopf – man sollte der Miez die Wahl überlassen. Als Einlage empfiehlt sich unparfümierte, saugfähige Naturstreu. Man kann die Klumpen täglich entfernen und muss nicht dauernd die ganze Streu wechseln. (➔ **152, 153, 154**)

124
Wo **schläft** die Katze?

Am liebsten im Bett. Aber Katzen brauchen mehrere Ruheplätze. Sie favorisieren dabei nicht unbedingt einen Korb, wichtiger ist es, dass sie möglichst hoch liegen, damit sie von dort alles im Blick haben und sich ungestört fühlen können – wie in der Natur auf einem Baum, auf den der Feind nicht folgen kann. Solch ein Platz kann sich in einem Regal befinden, auf der Fensterbank, auf einem Schrank – meistens findet die Katze ihn selbst. Wenn dort vielleicht noch eine Decke liegt oder besser ein Handtuch, das öfter mal gewaschen wird, ist sie schon mehr als zufrieden. Auch Kratzbäume haben in der Regel eine solche Plattform, von der aus die Katze beste Sicht hat. Höhlenartige Ruheplätze sind ebenfalls sehr beliebt, da können Kartons gute Dienste leisten.

125
Wohin mit dem **Kratzbaum?**

Damit die Katze ein solches Möbelstück annimmt, sollte es an einer Stelle stehen, die für sie interessant ist, dort, wo sich auch ihre Menschen befinden, wo was los ist. Gerade wenn es wichtig ist, dass sie den Kratzbaum akzeptiert, um zu vermeiden, dass sie sich an den Möbeln zu schaffen macht, darf er nicht irgendwohin abgeschoben werden, in ein selten benutztes Gästezimmer oder in die letzte Ecke des Flurs. Vor allem die Wohnungskatze braucht irgendeine Kratzgelegenheit. Freigänger haben draußen genügend Möglichkeiten, sich mitzuteilen, der Krallenpflege nachzukommen und die abgenutzten Hüllen loszuwerden. (→ **115**, **137**)

126
Welches **Spielzeug** ist das richtige?

Auch Spielzeug braucht die Katze, besonderes wenn sie ausschließlich im Haus lebt. Es sind ganz einfache Dinge, über die sie sich freut: Kartons und Papiertüten, die nach der großen, weiten Welt duften und in die sie hineinkriechen kann, Zeitungsseiten, die als Versteck und zum Zerfetzen taugen, Korken, gern auch an einer Schnur oder einer Angel befestigt, die man bequem vom Sofa aus bedienen kann. Fritzi liebt Ringe aus Pfeifenreinigern, denen sie stundenlang hinterherjagt. Auch lassen sie sich prima apportieren, wenn sie, zum Haken gebogen, mit einem Gummi abgeschossen werden. Dieses Spiel hat sich Foxi ausgedacht und uns mit großer Geduld beigebracht.
Bei gekauften Spielzeugen, vor allem bei Püppchen und Stofftieren, muss man darauf achten, dass sich keine Teile

lösen, auch nicht bei dauerhaftem Einsatz scharfer Zähnchen. Es besteht die Gefahr von Verschlucken oder Splittern, ungeeignete Oberflächen bewirken den Abrieb der Zähne und die Farben können giftig sein.

127
Wie viel **Platz** braucht eine Katze?

Das Gebiet, das eine Kätzin durchstreift, kann zwischen 0,2 und 170 Hektar groß sein, das Streifgebiet eines Katers gar 0,4 bis 990 Hektar. Natürlich haben sie innerhalb dieses Areals eine Kernzone, in der sie sich am häufigsten aufhalten, wo sie ihre Ruheplätze und Futterstellen haben. Diese kann zwischen 0,1 und 0,45 Hektar groß sein.
Ein Leben in der Wohnung ist dementsprechend sehr eingeschränkt. Gibt es tatsächlich keine Möglichkeit des Freigangs, sollte die Wohnung katzengerecht eingerichtet werden und zumindest über zwei Zimmer verfügen. Dann kann der Stubentiger sich wenigstens ein bisschen die Beine vertreten und hat nicht alles von seinem Ruheplatz aus im Blick. Wenn er verschiedene Räume kontrollieren muss, setzt er sich öfter in Bewegung und wird im Idealfall neuen Reizen ausgesetzt.
Es versteht sich von selbst, dass es in einer Wohnung nicht noch Tabuzonen wie Küche, Bad oder gar Schlafzimmer geben darf. (→ **121**) Im Gegenteil, man sollte seiner Katze zusätzlichen Raum und Klettermöglichkeiten durch Aussichtsplattformen schaffen. Diese können auf einem Kratzbaum sein, aber auch in einem Regal, auf einem Schrank, einer Fensterbank oder einfach an der Wand. (→ **124**)

128 **Hören** Katzen auf ihren **Namen?**

Ja, sogar sehr gut. Eine Katze lernt ihren Namen ganz schnell, wenn er ihr immer wieder in freundlichem Ton vorgesprochen, sie mit ihm gerufen und beim Kommen oder Reagieren belohnt wird. Die Belohnung muss keineswegs materiell sein, also etwas zu Fressen, sie kann auch aus Zuwendung und freundlichen, lobenden Worten bestehen. Eine Katze reagiert sogar auf ihren Namen, wenn er in einem Gespräch über sie fällt, daher sollte man ihn vielleicht manchmal umschreiben, sonst könnte sie nervös oder unsicher werden, wenn sie sich dauernd angesprochen fühlt, ohne dass etwas Erkennbares geschehen würde.

129 **Mögen** Katzen bestimmte **Namen**?

Besonders lieben Katzen – wie auch Vögel – Namen mit i oder möglichst vielen anderen Vokalen. Vielleicht weil sie unter den menschlichen Lauten diese am besten heraushören können. Man sollte bei der Auswahl eines Namens auch die Wünsche der Katze berücksichtigen. Als ein außergewöhnlich hübsches, rot getigertes Kätzchen bei uns landete, haben wir uns lauter schöne Namen ausgedacht und immer wieder ausprobiert, ohne dass sich seine Ohren auch nur ein My bewegt hätten. Eines Tages rief jemand auf der Straße „Frau Schmitt", worauf das noch immer namenlose Katzenkind dem Rufer all seine Aufmerksamkeit schenkte. So war der Name gefunden. Damit es zwischen uns und unserer Katze nicht allzu förmlich vor sich geht, nennen wir sie einfach Schmitti. Gefällt ihr auch.

130
Haben Katzen ein gutes **Gedächtnis?**

Ja, sogar ein sehr gutes, und sie vergessen nichts. Keinen Ort, kein Geräusch, keinen Geruch und auch keinen Menschen. Und haben sie einmal mit jemandem eine schlechte Erfahrung gemacht, lassen sie sich nicht mehr von dessen Harmlosigkeit überzeugen. Das wissen Tierärzte nur zu gut. Gleiches gilt für unangenehme oder gefährliche Situationen, denn das Vermögen, aus Erfahrungen zu lernen, ist für Katzen wie für alle Wildtiere überlebenswichtig. Aber auch Gutes vergessen sie nicht. Hat ein Mensch in ihrem Herzen einen Platz gefunden, bringen sie ihm ein Vertrauen entgegen, das nicht leicht zu erschüttern ist. Deshalb reagieren sie auch verwirrt auf Beschimpfungen, deren Ursache sie nicht nachvollziehen können. (➔ **190**, **191**)

131
Warum **spielen** Katzen mit ihrer **Beute?**

Das Verhalten, das Menschen gemeinhin als besondere Grausamkeit erscheint und stets als Indiz für die Verschlagenheit der Katze dienen muss, hat mehrere Ursachen.
Die Verhaltensforschung hat inzwischen herausgefunden, dass die Katze einen gewissen Respekt vor dem lebenden Beutetier hat und auch ihm gegenüber eine Beißhemmung empfindet. (➔ **133**, **134**) Um den Tötungsbiss überhaupt setzen zu können, muss sie sich in eine Art Erregung versetzen. Gleichzeitig dient das vermeintliche Spiel auch dazu, die Aktivität und Aggressivität des Beutetieres zu erforschen und es zu ermüden. Nach erfolgreicher Jagd muss die Katze ihre Anspannung wieder abbauen – dies geschieht beim Spiel mit dem toten Tier.
Es werden auch noch zwei weitere denkbare Gründe für dieses Verhalten genannt: So kann die Miez sich in einer Konfliktsituation befinden, etwa weil sie hungrig ist, aber die Beschaffenheit der Beute – ein unappetitlicher Frosch

oder Maulwurf – sie zurückschrecken lässt, oder sie ist einfach ratlos: Da hat sie einen schönen Jagderfolg, weiß aber nicht, was sie mit dem zappelnden und womöglich sich wehrenden Tier anfangen soll, weil sie nicht vermag, die natürliche Beißhemmung zu überwinden und den Tötungsbiss zu setzen. Das passiert, wenn sie zu früh von ihrer Mutter getrennt wurde oder diese ihr mangels Gelegenheit die Fertigkeit nicht demonstrieren konnte. Der Jagdtrieb ist zwar angeboren, doch das Töten will geübt werden. (➔ **78**, **79**, **132**, **133**, **134**)

132
Wie **tötet** die Katze ihre Beute?

Idealerweise erlegt die Katze ihre Beute mit einem gezielten Biss in Sekundenschnelle: Ihre Fangzähne sind so gebildet, dass sie die Halswirbelsäule an einer ganz bestimmten Stelle zwischen zwei Wirbeln auseinanderhebeln. Dies ist absolute Präzisionsarbeit und so kompliziert wie es klingt, denn Beuteansprung und Biss müssen perfekt sitzen. Da hilft nur Übung. Und in der Übung zu bleiben. Trainiert werden müssen allerdings weniger der Bewegungsapparat und die Bisstechnik, sondern die Koordination und der Antrieb, zuzubeißen. (➔ **131**, **133**, **134**)

133
Warum haben manche Katzen eine **Hemmung**, zu töten?

Die Tötungshemmung kann aus der ewig währenden Kindheit einer Hauskatze resultieren. Bei engem Anschluss an Menschen wird sie nie richtig erwachsen, denn diese stellen eine Art Muttersatz dar, weil sie für sie sorgen und auch sonst allerlei Wohlfühlprogramm betreiben, das die Katze als Verlängerung ihrer Kindheit erlebt. Natürlich trainieren sie nicht das Zubeißen und so kann auch eine erwachsene Katze die angeborene Beißhemmung beibehalten. Wenn

solch ein ewiges Kind dann doch mal vor einer toten Maus sitzt, hat diese ihr Leben wahrscheinlich durch einen Unfall oder einen Herzschlag verloren.
Beherzte Menschen können auch auf diesem Gebiet die Mutterrolle einnehmen: Sie müssen versuchen – oder wenigstens so tun – ihrer spielenden Katze die Beute wegzunehmen. Vielleicht gelingt es ihnen nach Katzenmamaart, damit die natürlich Konkurrenz herauszufordern und die Katze in die notwendige „Beißstimmung" zu versetzen. Für die halbtote Maus und alle späteren Beutetiere wäre das vermutlich auch das Beste. (➔ **78**)

134
Hat die Katze **Angst** vor der **Maus?**

Inzwischen nimmt man an, dass das berüchtigte Spiel der Katze mit der Beute auch dazu dient, die Spannung auf- und wieder abzubauen, die bei jedem Tötungsvorgang zur Überwindung der Angst notwendig ist. Diese Angst schützt die Katze: Dreht das geplante Opfer sich um und steht ihr gegenüber, lässt die Katze ab – um das Risiko eines Angriffs zu vermeiden. Paul Leyhausen hat beschrieben, dass Katzenmütter ihre Jungen durch unterschiedliche Rufe auf lebende Trainingsbeute vorbereiten: Kommen sie mit einer Maus, klingt er sanft und ermutigend, bringen sie eine Ratte, um den Schwierigkeitsgrad zu erhöhen, ist er gellend und scharf.

135
Jagen Katzen auch, wenn sie gefüttert werden?

Ja, denn der Jagdtrieb ist immer aktiv. Auch eine pappsatte Katze wird sich an Beute heranpirschen, sobald sie sich zeigt. So kann es gut passieren, dass sie eine Maus zwar erlegt, aber nicht frisst. Falsch ist daher die Annahme, dass gut gefütterte Katzen keine passionierten Jägerinnen mehr seien. Im Gegenteil, die Leistungsfähigkeit einer wohlgenährten, gesunden Samtpfote ist viel größer. Wenn man seine Mäuse loswerden möchte, sollte man die Katze also gut füttern, sonst sucht sie sich nämlich ein freundlicheres Zuhause.

136
Warum jagen auch **satte** Katzen?

Der stets aktive Jagdtrieb ist keine boshafte Laune von Natur oder Katze, sondern hat seine Berechtigung: Eine Mutterkatze muss schließlich ihre Jungen versorgen, auch wenn sie selbst gerade keinen Hunger verspürt. Leben Mutter und Kind, in der Regel Tochter, zusammen, bringt die Mutter auch dem längst erwachsenen Nachwuchs noch Mäuse mit. Sogar die menschlichen Mitbewohner werden bedacht – schließlich gehören sie zur „Familie". Der so fürsorglich behandelte Mensch sollte der fleißigen Miez das ihr gebührende Lob nicht vorenthalten. Keinesfalls darf er schimpfen, das würde sie nicht verstehen. Der stets aktive Jagdtrieb dient aber auch dem fortwährenden Training der Fähigkeiten, dem Scharfhalten der Sinne und der Koordination.

137
Warum **kratzen Katzen** am Lieblingssessel ihres Menschen?

Um an diesem Verkehrsknotenpunkt auch ihre Spuren zu hinterlassen und Nachrichten auszutauschen. Dass der Mensch, dieses defizitäre Wesen, sie nicht zu lesen vermag, können sie ja nicht wissen, wo er doch seinerseits mit Geruchsbotschaften auch nicht hinterm Berg hält.
Es gehört zu den natürlichen Verhaltensweisen von Katzen, sich der Welt durch Markierungen mitzuteilen und umgekehrt die Welt auf diesem Weg zu erfahren. (→ **115**, **116**)
Die Wohnung ist das engste Umfeld der Katze, und beson-

ders wenn sie nicht hinausgelassen wird, kann sie sich allein dort äußern. Der erboste Mensch sieht dann nur eine Katze, die seine Möbel ruiniert.
Das Kratzen an Möbeln lässt sich mit Geduld und gutem Willen auf einen Kratzbaum umlenken. Wer aber denkt, dieses ästhetisch zweifelhafte Ausstattungsstück in eine abgelegene Ecke verbannen zu können, wird enttäuscht. (➔ **125**) Katzen hinterlassen natürlich an betriebsamen Wegen und belebten Plätzen ihre Spuren – sie sollen ja gelesen werden! Außerdem wollen sie beim Kratzen auch gern Publikum beeindrucken, deshalb strecken sie sich dann zu voller Länge.
Ein probates Mittel, den optimal platzierten Kratzbaum interessant, gar unwiderstehlich zu machen, besteht darin, ihn mit Baldrian, Katzenminze oder einfach nur einem getragenen Kleidungsstück zu präparieren – jede Katze hat andere Vorlieben.

138
Der Kater **pinkelt** ans Bücherregal?

Das sieht zwar nur so aus, riecht aber leider so. Es ist nur ein schwacher Trost, dass es sich dabei um natürlichstes Verhalten handelt, das nicht einfach mit „ein bisschen gutem Willen“ abzugewöhnen ist. Das Markieren durch Urinspritzer praktizieren in der Regel unkastrierte Kater. Das Sekret der Analbeutel riecht so penetrant, dass nicht nur Artgenossen, sondern selbst der Mensch die Botschaft wahrnimmt.
Auch Kätzinnen, vor allem wenn sie von orientalischen Rassen abstammen, lassen sich hin und wieder mal dazu hinreißen, doch da sich diese Rituale in Katzennasenhöhe abspielen und mit wenigen Tröpfchen erledigt werden, bleibt das dem menschlichen Sensorium verborgen. (➔ **59**, **62**)

139

Warum üben erklärte Katzenhasser eine magische Anziehungskraft auf Katzen aus?

Wer kennt das nicht? Freunde sind zu Besuch, die Katze kommt ins Zimmer, betrachtet kurz die Versammlung und wendet sich zielsicher dem einzigen Katzenhasser der Runde zu. Spätestens wenn sie Anstalten macht, auf dessen Schoß zu springen, fühlt dieser sich natürlich wieder einmal bestätigt in seinem Urteil über die ganz besondere Bosheit der Katze.

Aus Sicht des Stubentigers stellt sich die Situation ganz anders dar: Betritt er den Raum, zieht er sofort die Aufmerksamkeit der Anwesenden auf sich, Lärm dringt an seine feinen Ohren, Blicke bohren sich in seine Augen und womöglich kommt ein unbekannter Riese auf ihn zu. Nur einer sitzt ganz still und wendet den Blick ab. Die Katze ist glücklich, wenigstens ein nicht bedrohliches Wesen zu entdecken und flüchtet sich in dessen Nähe – wie groß Enttäuschung und Verunsicherung, wenn dann ein spitzer Schrei ertönt. Da hilft nur eins, der Katze von vornherein fest in die Augen blicken – das ist keineswegs feine Katzenart, aber immer noch besser als die Kette von Missverständnissen, die andernfalls droht. (→ **187**)

140
Sind Katzen gefährliche **Vogeljäger?**

Hauskatzen sind bei der Vogeljagd viel schlechter als ihr Ruf! Eine Untersuchung des Mageninhalts frei laufender Katzen hat ergeben, dass nur 4,5 Prozent von erbeuteten Vögeln stammten, die zudem alt, krank oder sehr jung sein müssen, damit der Stubentiger eine Chance hat. Dafür spricht auch, dass junge Vögel nur im kurzen Zeitraum der ersten Flugversuche ein Opfer werden, wenn sie noch nicht schnell genug flüchten können. Unter den Nesträubern spielen Katzen auch keine große Rolle, da haben sie nicht nur in Mardern und Ratten, sondern auch in Elstern, Krähen, Eichelhähern, Eichhörnchen und – wenn es sich um Bodennester handelt – sogar in Igeln emsige Konkurrenten. Außerdem verteidigen Vogeleltern ihre Jungen todesmutig, wie wir alljährlich bei dem Amselpaar auf unserem Hof beobachten können. Besonders wenn die Kleinen die ersten Flugversuche unternehmen, veranstalten die Eltern wagemutige Scheinangriffe auf alle Katzen, die davon sehr beeindruckt sind und lieber verschwinden. Dabei gelten Amseln als die am leichtesten zu erbeutenden städtischen Singvögel und ihre Nester verstecken sie auch nicht besonders gut. Untersuchungen zeigen, dass nicht eine einzige europäische Vogelart durch Hauskatzen bedroht ist. Und unsere Hofamseln haben keine Bedenken, jedes Jahr ihre Jungen bei uns großzuziehen, obwohl sie sich hier im Revier von mindestens sieben Miezen befinden. Allerdings sollte, wer im Winter Vögel füttern will, den Futterplatz außerhalb der Reichweite von Katzen einrichten.

141
Sollten Katzen **Glöckchen** am Halsband tragen?

Nein, das rettet keinen Vogel. Auch als passionierte und begabte Vogeljägerin gelingt es Fritzi höchstens zweimal im Jahr, einen Vogel zu erbeuten. Meistens einen aus dem Nest gefallenen oder einen, der seinen ersten Flugversuch unternahm, mit Sicherheit einen, den auch das schrillste Glöckchen nicht gerettet hätte, weil er nämlich nicht hätte entkommen können. Außerdem haben Vögel ihre Umgebung so gut im Auge, dass sie die sich anschleichende Jägerin schnell genug sehen, um einander wirkungsvoller zu warnen, als dies ein Glöckchen vermag.

142
Sind Katzen **intelligent?**

Natürlich, antwortet da jeder Katzenhalter mit tiefer Überzeugung und zählt Beispiele für die Klugheit seiner Mieze auf. Dass sie Türen öffnet, kann in einer solchen Runde kaum beeindrucken, dabei lässt sich an der Aneignung dieser Fähigkeit die Klugheit einer Katze schon nachweisen. Nämlich dann, wenn sie kein Trial-and-Error-Verfahren anwendet, sondern es nach Beobachtung auf Anhieb richtig macht. Das lässt sich besonders gut bei einem komplizier-

ten Kühlschrankverschluss nachweisen, den die Katze noch nie zuvor gesehen hat. Wenn ihr einmal gezeigt wird, wie er funktioniert, und sie ihn gleich beim ersten Mal öffnet, kann man von einer intellektuellen Leistung sprechen.
Da Intelligenz auch daran gemessen wird, wie lernfähig ein Individuum ist, schneidet die Katze, die aufmerksame Beobachterin, gut ab. So profitiert sie, wenn sie Artgenossen bei der Bewältigung einer komplizierten Aufgabe zuschaut. Und zwar besonders schnell, wenn die beobachtete Katze die Aufgabe nicht auf Anhieb zu lösen vermag, sondern selbst erst mal ausprobieren muss, wie es geht. Wie wichtig das Lernen aus Anschauung ist und dass es ein Leben lang fortgesetzt wird, zeigt sich auch bei Katzen, die, ermutigt durch das Beispiel eines Artgenossen, ein unbekanntes Futter probieren.

143
Warum **versagen** Katzen bei Intelligenz-tests meistens?

Das Problem bei vielen Untersuchungen der Intelligenz von Katzen besteht darin, dass sie ihr natürliches Umfeld und seine spezifischen Erfordernisse nicht genügend mit einbeziehen. Wenn zum Beispiel kluge Tiere wie Brieftauben schnell begreifen, dass sie einen Hebel betätigen müssen, um Futter zu bekommen, und Katzen bei dieser Übung einen eher schlechten Eindruck machen, liegt das nicht daran, dass sie dümmer sind, sondern dass in der Vorstellung der hoch spezialisierten Jäger eine solche Möglichkeit der Futterbeschaffung nicht existiert. Viele dieser Tests beruhen auf einem ähnlichen Prinzip der Konditionierung, das aber bei einer Katze nicht funktioniert, wenn sie den Vorteil ihres Tuns nicht auf Anhieb erkennen kann. Ein weiterer Pluspunkt für die Katze, sollte man meinen.

144
Warum finden nur Katzenfreunde Katzen **klug?**

Weil jeder Mensch, der eine oder mehrere Katzen hält, beobachten kann, dass Katzen planen und Strategien entwickeln, um ein Ziel zu erreichen. Ein Beispiel, das all dies enthält, lieferte Fritzi: Mitkatze Schmitti lag auf einem Stuhl neben uns am Tisch, als Fritzi, die auch gern auf genau dem Stuhl mit uns am Tisch sitzt, zur Tür hereinkam. Sie besah kurz die Situation, ging zu Schmitti und tippte sie mit der Pfote ganz leicht an, was diese nicht ausstehen kann. Erwartungsgemäß schoss sie hoch wie eine Rakete und verfolgte die flüchtende Fritzi. Die aber drehte schnell um und raste zurück zum Stuhl, auf dem sie nun den Platz einnahm. Wenn das keine Strategie ist!

Und noch einmal die kluge Fritzi: Sie muss oft Tabletten nehmen, was sie hasst. Mittlerweile hat sie erkannt, dass wir sie erst dann aus den Augen lassen, wenn sie nach dem Schlucken ihr Mäulchen geleckt hat. Neuerdings schiebt sie die Zunge durch die zusammengepressten Lippen und deutet ein Schlecken nur mehr an, um dann entlassen zu werden und ungestört ihre Tablette in eine Ecke spucken zu können. Das heißt, sie beobachtet uns, analysiert Ursache und Wirkung und richtet ihre Handlungen daran aus, um ihr Ziel zu erreichen – ziemlich intelligent.

145
Entwickeln auch wild lebende Katzen **Strategien?**

Dass Löwen das Kreisen von Geiern als Hinweis auf eventuell lohnende Beute zu interpretieren wissen, mag ihnen Anerkennung eintragen, aber nicht als große intellektuelle Leistung erscheinen. Ein solches Beispiel aus der freien Natur bieten dafür die Servals. Die afrikanischen Wildkatzen haben gelernt, sich bei der Jagd das Autoscheinwerferlicht zunutze zu machen, das kreuzendes Wild blendet. Sie lauern am Straßenrand, bis ein Auto ihr potenzielles Opfer paralysiert und sie mit guten Aussichten auf Erfolg zuschlagen können. Damit gelingt es ihnen, sich einer neuen Situation, die sie gar nicht unmittelbar betrifft, zu ihrem Vorteil zu bedienen.

146
Erkennen Katzen sich im **Spiegel?**

In der Regel reagieren sie gleichmütig auf ihr Spiegelbild. Vielleicht erschrecken sie mal ob der unerwarteten Bewegung, wenn plötzlich ein Spiegel an ungewohntem Platz steht, doch erkennt eine erwachsene Katze schnell, worum es sich handelt, und greift auch keinen vermeintlichen Störenfried an. Aber warum sollen Katzen sich überhaupt im Spiegel betrachten? Eigentlich nur, weil von der Reaktion auf das Spiegelbild gemeinhin auf das Vorhandensein eines Ich-Bewusstseins geschlossen wird. Katzen wird dies abgesprochen, denn hätten sie eins, sagen die Zweifler, würden sie sich ja genauso wie Elefanten und manche Vertreter von Primaten und Vögeln an einem aufgemalten Fleck in ihrem Gesicht stören. Stimmt, so etwas kümmert eine Katze wohl nicht. Wahrscheinlich sieht sie ihn gar nicht. (➔ **88**, **89**, **90**)

Aus unerklärlichen Gründen hat unser Kater Foxi mich gern im Spiegel beobachtet, wenn ich seinen Pfeifenreiniger zum Apportieren geworfen habe. Natürlich wusste er, dass der Pfeifenreiniger und ich direkt hinter ihm waren, er also nur unser Abbild sah. Die bewegliche kleine schwarze Gestalt direkt vor ihm muss er folglich in den richtigen Bezug gesetzt haben.

147
Können Katzen großzügig sein?

Immer wieder beobachteten Verhaltensbiologen die verwilderten Katzen in Rom, die sich in den Nebenstraßen über die Restaurantabfälle hermachten. Es bot sich aber nicht das erwartete Bild: die stärksten Kater zuerst. Stattdessen traten diese höflich zurück und ließen fast immer freiwillig den Kätzinnen und den Jungen den Vortritt. Dass ein Löwe sich erst selbst den Bauch vollschlägt, liegt daran, dass er sich stets gegen Rivalen behaupten muss, damit diese sein Rudel nicht übernehmen und seinen Nachwuchs töten.

148
Warum sind Katzen als Wachtiere vollkommen unbrauchbar?

Katzen sind zum Überleben nicht auf Artgenossen angewiesen, sie jagen allein, sie ziehen ihre Jungen allein groß und bilden auch keine Paare. Wenn sie sich dennoch zu Gruppen zusammenschließen, geschieht dies zwar um der Vorteile willen, die eine größere Gemeinschaft bietet, es ist aber nicht überlebensnotwendig, sondern unverbindlich und die Entscheidung eines Individuums, die jederzeit wieder anders ausfallen kann. Daher empfindet eine Katze weder die Notwendigkeit, schon gar nicht den Zwang, sich einer Gruppe, einem Rudel unterzuordnen und dementsprechend genau zu unterscheiden, wer dazugehört und wer fremd ist.

149
Warum ist es für eine Katze von Vorteil, Einzelgängerin zu sein?

Weil in ihrer natürlichen Umgebung die Nachteile eines Lebens im Rudel überwiegen: Infektionskrankheiten und Parasiten werden viel schneller übertragen. Je größer eine Gruppe ist, desto weniger gut kann sie sich vor Feinden oder Konkurrenten verbergen. Entscheidend ist aber die Gefahr, die von den messerscharfen Krallen und Zähnen der Katze ausgeht. Ernsthaften Auseinandersetzungen mit Artgenossen geht sie daher lieber aus dem Weg, denn die Gefahr schwerer Verletzungen ist so groß wie unvermeidlich in Kämpfen um die Rangordnung eines Rudels. Da die Jagdtechnik der Katze keine Unterstützung erfordert, kann sie sich das Einzelgängerdasein leisten, im Gegensatz zu den Caniden, den Hundeartigen. Sie haben Jagderfolg nur im Rudel, daher müssen sie sich miteinander arrangieren.

150
Warum können Hauskatzen gut in einer **Gruppe** leben?

Hauskatzen bleiben immer in einem kindlichen Stadium, weil sie vom Menschen versorgt werden. Wer schon einmal einen Wurf kleiner Katzen beobachtet hat, weiß, wie gesellig und anhänglich sie sind. Wenn sie keine wilden Balgereien veranstalten, kuscheln sie aneinander. Aufgrund der Rundumversorgung durch den Menschen, die sich gleich an die Kindheit anschließt, müssen sie weder erwachsen werden, noch miteinander konkurrieren und können ihr freundliches, kindliches Wesen bis ins Alter beibehalten. Sie profitieren sogar von dieser Fähigkeit, weil ihre Reviere in Städten klein sind und sie sich daher stets mit Artgenossen arrangieren müssen. Ganz besonders große Kolonien wild lebender Katzen befinden sich an Stellen, an denen sie gefüttert werden oder an denen besonders viel Futter zu finden ist. Diese Orte liegen in keinem Revier, sondern stellen eine freie Zone dar, in der die Katzen friedlich beieinander sitzen.

151
Wie bilden sich die **Katzenkolonien?**

Vor allem miteinander verwandte Kätzinnen leben zusammen, die Töchter bleiben bei ihren Müttern und deren Schwestern, die Kater machen sich als Halbwüchsige auf die Suche nach einem eigenen, größeren Revier. Katzen, die in einer Gruppe leben, bilden zwar eine Rangordnung, diese ist allerdings nicht unumstößlich.

Kaum eine Gruppe gleicht einer anderen, daher ist es schwer, Gesetzmäßigkeiten abzulesen, auch nicht im Hinblick auf die äußeren Umstände. Dies lässt darauf schließen, dass die einzelnen Gruppen stark von den Charakteren ihrer Gründerinnen geprägt sind.
Dass verwilderte Hauskatzen Kolonien bilden, hat seine Ursache vermutlich darin, dass domestizierte Katzen gelernt haben, in Gesellschaft zu leben, die in Artgenossen genauso bestehen kann wie in Menschen und anderen Haustieren. (➔ **3**) Experimente haben gezeigt, dass Kätzchen, die ausschließlich mit Ratten aufgewachsen sind, Vertreter dieser Art später niemals jagten, allenfalls Ratten anderer Art. Selbst wenn sie zu mehreren Geschwistern mit Ratten aufgewachsen waren, übten sie deutlich weniger Bereitschaft, diese zu jagen.

152
Warum benutzen Katzen die **Katzentoilette?**

Wenn sie nicht gerade Signale ihrer Anwesenheit setzen will, verscharrt die Katze ihre Exkremente. (➔ **115**, **116**) Aber das tut sie nicht, weil sie ein so ausgeprägtes Bedürfnis nach Sauberkeit hätte, sondern weil sie sich auf diese Weise „unsichtbar“ machen will, um sich zu schützen. In der Wohnung akzeptiert sie ihren großen und starken menschlichen Mitbewohner als dominantes Wesen, dem sie sich unterordnet. Folglich lässt sie ihre Exkremente nicht offen liegen. Das Wenige an Geruch, das bleibt, reicht ihr, um zu melden: „Hier bin ich!“, ohne dass sie damit provozieren würde. Hinzu kommt, dass die Wohnung ihr unmittelbares Umfeld ist. Da sie stets an derselben Stelle, in der Katzentoilette, ihr Geschäft verrichtet, scheint die Gefahr groß, dass jemand ihr dort auflauern könnte, wenn sie die Hinterlassenschaften nicht verbirgt.

Dominante Katzen oder Kater, die mit Artgenossen in einer Wohnung leben, machen sich diese Sorgen öfter aber auch nicht und verzichten auf das Verscharren. An Bauernhofkatzen mit einem sehr großen Revier ist zu beobachten, dass sie in ihrer direkten Umgebung ihr Geschäft vergraben, das sie in weiterer Entfernung als unübersehbare Botschaft absetzen.

153 Was tun bei **Unsauberkeit?**

O je, ein See unter dem Esstisch. Und es ist nicht das Blumenwasser. Was tun? Schimpfen? Bestrafen? Wegwischen. Und nicht schimpfen. Katzen sind sehr saubere Tiere. Nicht die Katzentoilette zu besuchen, muss handfeste Gründe haben, vor allem wenn dieses Verhalten plötzlich auftritt. Lebt man mit der Katze schon lange zusammen, gilt es, nachzudenken, was anders ist als sonst: Hat sich etwas im Wohnumfeld geändert? Gibt es neue Mitbewohner? Gar ein neues Tier? Ist die Katzentoilette anders als sonst? Wackelt sie, wurde eine andere Streu eingefüllt, ein Mittel zur Reinigung benutzt? Oder hat es mit der Stelle, an der das Ungemach stattgefunden hat, etwas auf sich? Mussten da vielleicht Spuren anderer Katzen übertrumpft werden? Gab es gar einen Streit mit einem feliden Mitbewohner? Dann wird vom Sieger der Auseinandersetzung gern offensiv Harn abgesetzt und der Unterlegene wird, sobald er sich unbeobachtet fühlt, mit den gleichen „Waffen“ dagegenhalten. Die Spuren dieses Wettbewerbs müssen allerdings nicht große Pfützen, sondern können auch kleine Spritzer sein.
Wenn all diese Ursachen ausgeschlossen werden können, sollten organische Gründe bedacht werden. Die Katze kann unter einer Harnwegserkrankung leiden, die vergleichsweise häufig vorkommen, aber auch eine Darmentzündung – bei

Kot außerhalb der Toilette –, Schmerzen, sogar Blindheit und Demenz können der Grund für Unsauberkeit sein. Da hilft nur genaue Beobachtung.

154
Was tun, solange die **Ursache** der Unsauberkeit noch nicht ermittelt ist?

Die Katzentoilette sollte in einem besonders tadellosen Zustand sein. Da Katzen sie nicht so häufig aufsuchen, ist es ohne größeren Aufwand möglich, sie stets nach Gebrauch zu reinigen.

Die verschmutzte Stelle darf nicht mit einem ammoniakhaltigen Mittel gesäubert werden, da diese Substanz auch in Urin enthalten ist und somit signalisiert: Hier hat jemand seine Botschaft hinterlassen, sodass die Katze sich womöglich zu einer Gegenreaktion genötigt sieht. Besser ist es, die Stelle mit Zitronen- oder Parfumduft zu bearbeiten. Beides mögen Katzen nicht und halten sich daher fern.

An Stellen, die einem besonders am Herzen liegen, könnte man auch mal das Futter platzieren, denn Katzen verunreinigen niemals den Platz, an dem sie fressen, genauso wenig Plätze, an denen sie schlafen.

Als unser Kater Mecki aus dem Tierheim zu uns kam, hinterließ er nach einigen Wochen hier und da größere Pfützen, erst selten, dann einmal die Woche, bald alle paar Tage und am liebsten auf Zeitungen, Taschen, Kleidern – kurz auf Dingen, die zwar keinen fremden Geruch hatten, aber zufällig irgendwo lagen, wo sie nicht hingehörten, und ihm offenbar als gute Alternative zur Katzentoilette erschienen. Völlig entnervt, aber mit tipptopp aufgeräumtem Bodenbereich, haben wir irgendwann Katzentoiletten an die kritischen Plätze gestellt – das Problem war behoben. Zwar sind sie für unseren Geschmack keineswegs optimal platziert, aber Mecki gefällt's. Und eine konnten wir inzwischen schon wie-

der wegräumen. Nur noch ganz, ganz selten passiert ein Malheur, vermutlich wenn er sich in einer Zwangslage befindet, was bei einer Miezen-WG schon mal vorkommen kann. (➔ **190**, **191**)

155
Warum machen Katzen in den **Blumentopf?**

Im tiefen Winter erledigen freilaufende Miezen ihr „Geschäft“ auch gern mal in einem großen Pflanzentopf, anstatt draußen in der Kälte vergeblich auf gefrorenem Boden zu scharren. Bestrafen darf man die Katze nicht!
In ihren Augen hat sie alles richtig gemacht und ihre Ausscheidungen ordentlich in Erde vergraben, wie sie es auch sonst immer hält. Eine Strafe würde sie verwirren und zu allem Möglichen führen, aber nicht zum Erfolg. (➔ **190**, **191**, **192**, **193**, **194**) Besser ist es, gefährdete Töpfe eine Weile mit Zeitungspapier, großen Steinen oder Alufolie abzudecken. Letztere mögen sie überhaupt nicht, außerdem stehen sie dann schnell in einer Urinpfütze – das hassen sie. Unter die Streu in der Katzentoilette sollte man viel Erde mischen, die peu à peu auch wieder reduziert werden kann. So signalisiert man der Miez, dass auch dort ein passendes Plätzchen ist, denn manche Freigänger, besonders wenn es selten Frost gibt, erkennen den Zweck dieser Einrichtung nicht unbedingt.
Das Urinieren in Blumentöpfe, vor allem in kurzen Zeitabständen, kann aber auch Anzeichen für Krankheiten wie Blasenentzündung oder Harngrieß sein, und zwar dann, wenn die Katze es demonstrativ vor den Augen der Menschen tut und wenn Blut im Urin ist.

156
Was will die Katze sagen, wenn sie „tretelt“ und schnurrt?

In einem stillen Moment kann es passieren, dass die Katze auf ihren liegenden Menschen oder auf seinen Schoß springt, sich dort niederlässt und langsam und bedächtig ihre Vorderpfoten abwechselnd herabdrückt. Dabei macht sie ein entspanntes, versonnenes Gesicht und schnurrt sehr zufrieden. Leider ist der beteiligte Mensch dann oft nicht mehr entspannt, weil sich nadelstichfein die Krallen in seine Haut bohren, und er scheucht die Miez herunter. Welch eine Enttäuschung – beim „Treteln“ wähnte sie sich in die Geborgenheit ihrer Kindheit zurückversetzt: Die Kätzchen massieren mit diesem „Milchtritt“ den Bauch ihrer Mutter, um den Milchfluss anzuregen. Genau das Gleiche tat die erwachsene Katze im Moment größter Zuneigung zu ihrem Menschen, dem Muttererersatz. Manchmal läuft ihr dabei das Wasser im Munde zusammen, ein klein wenig kann man dann auf dem Pullover finden.

157
Was will die Katze sagen, wenn sie ihre Wange an die eines vertrauten Menschen drückt?

Sie will ihre Verbundenheit zeigen. Einander bekannte, wohl gesonnene oder umwerbende Katzen begegnen sich aufs Freundlichste, indem sie die Wangen aneinander reiben, was auch Köpfchengeben genannt wird. Dabei werden Duftstoffe ausgetauscht, sie geben ihre ab und nehmen die des Gegenübers an. Ebenso andere Körperteile wie der Kopf, das Kinn oder der Hals werden aneinander gerieben oder auch mal am menschlichen Bein. Dieser Austausch findet nicht nur mit Sozialpartnern statt, sondern auch mit unbelebter Materie. Die Katzen reiben sich an Objekten, besonders wenn diese markiert sind. Genauso wälzen sie sich im Staub, wenn der Spuren von Urin oder andere interessante Gerüche enthält, oder widmen sich streng riechenden Substanzen. Mausi und Fritzi liegen gern auf und in getragener

Kleidung. Auf diese Weise nehmen Katzen die Gerüche ihrer Umgebung auf und verstärken ihre Bindung, denn ein vertrauter Geruch baut Spannungen ab. Auch verschaffen die Jäger sich damit eine Camouflage, sodass ihre belauerte Beute keine Witterung aufnehmen kann. Das wird ihnen besonders bei ihrer Leibspeise, der Maus, zupasskommen, die eine angeborene Abneigung gegen den Geruch ihrer schlimmsten Feinde Katz und Fuchs hat.

158
Welche **friedlichen Signale** sendet die Katze aus?

Eine besonders friedfertige mimische Äußerung, die selbst der vergleichsweise grobschlächtige Mensch verstehen kann, ist das Blinzeln, das eher ein langsames Schließen und Öffnen der Augen ist. Es soll Vertrauen und Sicherheit vermitteln, man nennt es auch das Lächeln der Katzen. Geblinzelt wird nicht nur gegenüber Artgenossen, sondern bei jeder Begegnung, die eine vertrauensbildende Maßnahme nötig erscheinen lässt. So blinzeln unsere Katzen nicht nur uns oder Besuchern zu, sondern auch Gerätschaften, die ihnen nicht geheuer sind, wie Staubsauger, Föhn oder Bohrmaschine. Sicher ist sicher!

Ähnlich entspannend wirkt das Gähnen, das auch stets in friedlicher Absicht erfolgt.

Liegt die Katze auf dem Rücken und streckt sich, den Bauch nach oben, ist dies ein großes Zugeständnis an ihren Menschen. Der Katzenbauch ist eine empfindliche Stelle, daher handelt es sich nicht unbedingt um eine Einladung, den Bauch zu kraulen, sondern eher um einen Beweis des Vertrauens: Ich weiß, dass du meine Schutzlosigkeit nicht ausnutzen wirst.

Stehen die Ohrmuscheln gerade und sind ihre Öffnungen nach vorn, auf „Empfang“ gestellt, signalisiert sie freund-

liche Aufmerksamkeit, die weniger freundlich, sondern angespannt sein kann, wenn sie sich zusammenziehen.
So wie der Schwanz deutliche Signale von Ärger, Drohung oder Ratlosigkeit zeigen kann (➔ **159**), ist er zu freundlichster Begrüßung hoch aufgerichtet mit abgeknickter Spitze. Das Gegenüber darf sich zum Beschnuppern aufgefordert fühlen. Auch diese Geste gehört zum Repertoire des Katzenkindes, das damit auf die Zuwendung seiner Mutter reagiert. Genauso ist der steil aufragende Schwanz ein Anzeichen für entspannte und friedliche Stimmung und dient der Mitteilung, dass gerade Routineaufgaben verrichtet werden.
Neben dem zufriedenen Schnurren zählt auch ein Begrüßungslaut, den man am ehesten als Gurren bezeichnen kann, zu den freundlichen Äußerungen gegenüber Artgenossen und anderen geschätzten Wesen.
All die freundlichen Signale wie auch das Um-die-Beine-Streichen und das Lecken der Hand werden vom Menschen, der diese Zuwendungen zu interpretieren weiß, durch Streicheln oder freundliche Worte belohnt und damit verstärkt. Die Katze weiß, dass sie den Menschen damit ansprechen kann.

159
Was sind die **Warnsignale** einer Katze?

Fauchen, Knurren und Spucken, Beißen und Kratzen sind sicherlich unzweifelhafte Äußerungen von Missbilligung, aber dann ist schon alles zu spät. Daher sollte man die vielen Vorzeichen in Körperhaltung und Mimik zu interpretieren wissen, die lange davor zum Einsatz kommen: das Hin- und Herschlagen des Schwanzes, das weniger hektisch ausgeführt ebenso gut eine harmlose Konfliktsituation darstellen kann, Schwanzschläge auf den Boden oder das

Zucken der Schwanzspitze, gesträubtes Fell, besonders auf dem Rücken und am Schwanz, das die Katze sehr viel größer und bedrohlich erscheinen lässt, hochgestellte, nach hinten gerichtete Ohren, die nach vorn gesträubten Schnurrhaare und verengte Pupillen. Erweiterte Pupillen sind dagegen ein Anzeichen für Angst oder Abwehr, ebenso wie abgeknickte oder herabgezogene Ohren. Natürlich wird die Weite der Pupillen zunächst einmal durch die Lichtverhältnisse bestimmt, doch wenn diese sich nicht verändert haben, ist Vorsicht geboten.

Ein maßgeblicher Unterschied besteht in Fauchen und Knurren: das Fauchen dient eher der Verteidigung durch Abschreckung und zieht allenfalls einen Pfotenschlag nach sich, das Knurren aber ist Drohung und gehört zum Angriff – ein Biss kann folgen.

Geschichte

Zwar ist die Physis der Katze seit 100 000 Jahren kaum noch verbesserungswürdig, doch seit sie des Menschen geschätzte Begleiterin geworden ist, hat ihre Lebensweise einen einzigartigen Wandel durchlaufen und eine Vielfalt entwickelt, wie sie bei keinem anderen Tier zu beobachten ist.

160 Woher **kommt** unsere Hauskatze?

Die Vorfahrin der europäischen Hauskatze, die wissenschaftlich *Felis catus* oder – ganz genau – *Felis libyca* forma *catus* heißt, ist die Afrikanische Wild- oder Falbkatze, deren Verbreitungsgebiete die Steppen und Halbwüsten zwischen der arabischen Halbinsel, Ägypten und Südafrika sowie südlich der Sahara in Westafrika sind. Kein Wunder, dass Katzen die trockene Wärme lieben und es ihnen kaum heiß genug sein kann. Die Europäische Wildkatze dagegen ist nicht nur äußerlich von der Hauskatze verschieden: Sie ist größer, hat proportional ein größeres Gehirn, Kiefer und Zähne sind größer und sie hat längere Beine, aber einen kürzeren Verdauungstrakt. Auch ist sie sehr scheu und nicht zu zähmen. Dass sie nicht die Ahnin der Hauskatze ist, bestätigt inzwischen ihr genetischer Code. Gleichwohl kommt es vor, dass Haus- und Wildkatzen sich paaren.

161
Wie kam die Katze zum **Menschen?**

Da die alten Ägypter Löwen und Affen, Krokodile und Hyänen hielten, ist die Wahrscheinlichkeit groß, dass sie auch Wildkatzen zähmten. Die Falbkatze, genauer: ihre ägyptisch-sudanesische, möglicherweise auch abessinische Unterart, wird sich nicht selbst domestiziert haben, aber sie wird von der reichen Beute in den Kornspeichern des Niltals angelockt worden sein. Dort fand sie bessere Lebensbedingungen vor als in den Steppen und Halbwüsten. Die Ägypter werden den Dienst der unermüdlichen Nagerjäger schnell erkannt und ihren Teil dazu beigetragen haben, dass die guten Geister bei ihnen blieben. Davon zeugt die große Wertschätzung, die Katzen erfuhren. Römer und Griechen äußerten sich darüber sehr abfällig, ihnen galt die Verehrung von Tieren als bizarrer Aberglaube.

Die Hauskatze ist seitdem ein Kulturfolger, das heißt, sie folgt dem Menschen. Als Alternative zur Jagd mit stets unsicherem Ausgang nimmt sie gern Nahrungsquellen in Anspruch, deren Urheber der Mensch ist. Das können Bauernhöfe sein, Müllkippen oder Müllcontainer oder freundliche Menschen, die die Katzen füttern. An solchen Futterplätzen bilden die einstigen Einzelgänger große Populationen.

162
Wann wurde die Katze zur **Hauskatze?**

Der älteste Nachweis einer Hauskatze wurde 2004 in Form eines 9500 Jahre alten Katzenskeletts auf Zypern gefunden. Dass die Falbkatze mit einem Menschen zusammen bestattet wurde, steht für die französischen Forscher außer Zweifel. Auch dass sie – oder ihre Vorfahren – mit Menschen auf die Mittelmeerinsel gekommen war, denn dort gab es keine kätzischen Ureinwohner.
In der Antike tauchen Katzen als häufiges Motiv jedoch nur in der ägyptischen Kunst auf und auch erst seit rund 4000 Jahren. (→ **165**) Der Export der als wertvoll geltenden Tiere war unter Strafe gestellt. Trafen ägyptische Reisende im Ausland auf Hauskatzen, sollen sie versucht haben, diese zu kaufen und ins Pharaonenreich zurückzubringen. So finden sich außerhalb Ägyptens nur wenige Spuren domestizierter Katzen: eine Statuette in Palästina von 1700 v. Chr. sowie ein Fresko und eine Skulptur auf Kreta, die aus den Jahren 1500 und 1100 v. Chr. datieren. In Griechenland ist eine domestizierte Katze erstmals um 500 v. Chr. dokumentiert.

163
Wie kam die Katze nach **Nord- und Mitteleuropa?**

Da es keine Quellen gibt, die ihr Auftauchen in Europa vermerken, ist anzunehmen, dass sie nicht gehandelt wurde, sondern sich allmählich verbreitete. Dazu werden die römischen Legionäre beigetragen haben, denn entlang der großen Verkehrsrouten verlief nachweislich auch die Einwanderung der Katzen, und Überreste wurden in römischen Villen und Siedlungen gefunden. Die britischen

Inseln erreichten die feliden Immigranten im 4. Jahrhundert, bis sie im 10. Jahrhundert auch in allen anderen Teilen Europas und in Asien heimisch waren. Dass die Hausratte von Asien und Südeuropa aus immer weiter in den Norden wanderte, kann ihren Zug dorthin begünstigt haben. Erstaunlicherweise werden im Römischen Reich Katzen erst im 4. Jahrhundert als Mäuse- und Rattenjäger gewürdigt, dort erledigten bis dahin Iltis und Frettchen diese Aufgabe.

164
Warum gibt es Hauskatzen **fast überall?**

Katzen leben in fast allen Teilen der Welt. Es gibt, *Felis catus* eingeschlossen, insgesamt 40 Arten. Die kleinste Katze, die Rostkatze, *Prionailurus rubiginosus*, ist 35 bis 48 Zentimeter groß, wiegt rund ein Kilo und lebt in Südindien und Sri Lanka. Die größten Katzen sind Tiger und Löwen und können ein Gewicht von 300 Kilo erreichen. Nur in Australien, in der Antarktis und auf Inseln, die nie eine Landverbindung hatten, gibt es keine feliden Ureinwohner. Allerdings hat der Mensch, wohin auch immer er ging, Hauskatzen mitgenommen, sodass es heute kaum noch einen Ort gibt, an dem sie sich nicht eingerichtet haben. Besonders bei ihrer Verbreitung außerhalb Europas und Afrikas wird deutlich, welche große Rolle die Menschen dabei spielten: Auf Handelswegen, vor allem durch den Schiffsverkehr – als Besatzungsmitglieder waren die Nagerjäger überlebenswichtig –, entdeckte auch *Felis catus* die Welt. Dank ihrer großen Anpassungsfähigkeit fand sie sich überall zurecht, wenn auch nicht immer zum Segen der einheimischen Fauna. Überall, wo Europäer sich niederließen, ist noch heute anhand der genetischen Übereinstimmung der ansässigen Hauskatzen mit europäischen Populationen feststellbar, woher die ersten Siedler kamen.

165
Wer war die **ägyptische Katzengöttin?**

Das war Bastet, die Mondgöttin, auch lagen Fruchtbarkeit, Geburt und Glück in ihrer Macht. Sie wurde in Gestalt einer Katze dargestellt oder nur mit einem Katzen- oder Löwenkopf. Dass die Katze Erscheinungsbild der Göttin war, ist naheliegend: Sie ist fruchtbar, eine rührend eifrige Mutter, dämmerungs- und nachtaktiv. Auch nahm man an, dass sich im helleren oder dunkleren Leuchten der Katzenaugen das zu- und abnehmende Licht von Sonne und Mond zeigten.

Bastet wurde besonders in der Stadt Bubastis verehrt, die rund 100 Kilometer nördlich von Kairo im Nildelta lag. Zu großer Bedeutung kam die Göttin erst relativ spät, als um 950 v. Chr. Scheschonq erster Pharao der 22. Dynastie wurde. Er machte Bubastis zu seiner Residenz und der Kult um die dort verehrte Bastet breitete sich aus im ganzen Reich. Er überdauerte die Regentschaft Scheschonqs I. um viele Epochen. (➔ **166**)

Auch weitere Götter am altägyptischen Himmel wurden mit Katzen in Verbindung gebracht: Bastets Schwester Sechmet, Göttin des Krieges, der Krankheit und der Heilung, ist stets in Gestalt einer Löwin abgebildet. Beider Vater Ra, der Sonnengott, musste Nacht für Nacht gegen Apep, den Gott der Finsternis, kämpfen. Der zeigte sich als Schlange, und wer hätte sie zuverlässiger bezwingen können als eine Katze, in deren Gestalt Ra den Morgen stets siegreich begrüßte?

166
Wie wurde die Katze im **alten Ägypten** verehrt?

Viele Menschen besaßen Katzen, und wer es sich leisten konnte, hielt sie in geheiligten Räumen und fütterte sie mit den erlesensten Speisen. Dass spezielle Diener sie umsorgten und mit warmen Bädern und kostbaren Salben „pflegten", war zwar alles andere als artgerecht, zeugt aber von der großen Wertschätzung, die man Katzen entgegenbrachte. Ein totes Tier wurde wie ein menschlicher Leichnam einbalsamiert und in Tücher gewickelt. Das Gesicht mit einer hölzernen Maske bedeckt, wurde es auf speziellen Grabfeldern oder in unterirdischen Hallen bestattet.

In Bubastis lag der große Tempel der Katzengöttin Bastet. Tausende von Katzen lebten auf dem Areal, umhegt von Priestern und dazu bestimmt, irgendwann geopfert zu werden. Bubastis war auch Schauplatz des größten Jahresfestes

im Pharaonenreich. Der griechische Reisende und Geschichtsschreiber Herodot schildert, dass 700 000 Menschen zu den orgiastischen Feiern strömten und im Verlauf des Frühjahrsfestes 100 000 Katzenmumien zu Ehren Bastets bestattet wurden.
Außerhalb des Tempels ahndete man die Tötung des verehrten Tiers als Kapitalverbrechen. Wer eine tote Katze fand, ergriff die Flucht aus Angst, beschuldigt zu werden, denn oft genug wurden schon Verdächtige gelyncht.

167
Was wurde aus den **Katzenmumien?**

Bestimmt zwei Jahrtausende lang wurden Katzen feierlich beigesetzt, bis der Kult im Jahr 390 verboten wurde. Ihre Grabruhe wurde aber erst gestört, als die Europäer im 19. Jahrhundert die altägyptischen Kulturschätze plünderten. Einige erlesene Katzenmumien wurden in euro-

päische Museen gebracht, doch an toten Katzen hatten die Archäologen ansonsten kein Interesse. Viele Mumien wurden von den Ägyptern eingesammelt, die sie an Reisende verscherbelten, noch viel mehr wurden dabei zerfleddert, sodass Knochen, Fellfetzen und Mumientücher über die Areale verstreut lagen, bis die Knochen schließlich zu Zahnpulver zerrieben wurden und die Tücher in der Lumpenpresse landeten.
300 000 Katzenmumien wurden nach Liverpool verschifft, wo man sie zu Dünger verarbeitete. Doch auf dem finsteren Geschäft lag kein Segen, die englischen Bauern konnten sich nicht dafür begeistern, jahrtausendealte sterbliche Überreste von Katzen aus dem Pharaonenreich auf ihre Felder zu streuen.

168
Warum **fürchteten** die gerade christianisierten **Germanen** Katzen?

In der nordischen Mythologie war Freyja die Göttin der Liebe und der Fruchtbarkeit. In den meisten Beschreibungen und Darstellungen sitzt sie auf ihrem Wagen, der von einem Wildkatzengespann gezogen wird. Freyja war auch die Höchste der Walküren und beanspruchte gegenüber ihrem Gemahl Odin, dem Gott der Ekstase, des Krieges, des Todes und der Stürme, die Hälfte der Getöteten. In Folkwang, ihrem Palast, hielten diese Einzug. Die gerade christianisierten Germanen fürchteten nach wie vor den Groll der mächtigen Freyja. Sie hatten sich von ihr abgewandt, und wer konnte wissen, ob sie den Verrat nicht rächen würde? Ob sie nicht ihre Tiere, die Katzen, aussenden würde, auf dass sie Rache nähmen? Und waren nicht deren Vermehrung, ihre vermeintlich vielen Leben und geheimnisvollen Fähigkeiten Grund genug, in ihnen die Sendboten des Bösen, des Unchristlichen zu erblicken? Und widersetzte die Katze sich nicht ganz offenkundig Gottes Gesetz, dass der Mensch über die Tiere herrsche? Und wenn sie Gott nicht gehorchte, dann musste Satan ihr Herr sein.

169 Dreht die Katze den **Schwanz** nach dem **Ofen?**

Dann gibt es Frost. Leckt sie die linke Pfote? Dann steht unangenehmer Besuch ins Haus. Betrachtet sich die Katze im Spiegel, so ist das auch kein gutes Vorzeichen. Das „Handwörterbuch des deutschen Aberglaubens" hat für nahezu jede Bewegung der Katze eine Erklärung, selten eine angenehme. Zwar weisen die Schlussfolgerungen regionale Unterschiede auf, sonst würde sich allein bei der täglichen Fellpflege fünfmal das Wetter ändern, doch drücken sie durchweg den großen Argwohn und die Abscheu aus, die Katzen gegenüber gehegt wurden. Dieses Kompendium der deutschen Volkskunde nennt mehr als 100 Zeichen, anhand derer man im Verhalten der Katze Zukünftiges zu erkennen versuchte, sowie Regeln, die es im Umgang mit ihr zu beachten galt. Dass in einem Haus, in dem Katzen sich gern aufhalten, der „Segen waltet", gehört zu den wenigen Zugeständnissen an diese jahrhundertelang gehassten und verfolgten Tiere.

170 Warum wurden Katzen **gehasst** und **verfolgt?**

Katzen wurden vor allem von der Kirche mit Hass verfolgt, weil sie mit „heidnischen", vorchristlichen, und zudem weiblichen Gottheiten und Kulten in Verbindung gebracht wurden. Als vermeintliche Begleiterinnen von Hexen und Abgesandte Satans waren sie über Jahrhunderte grausamster wie hysterischer Verfolgung ausgesetzt. Regalmeter von Abhandlungen bringen das angeblich hinterhältige und boshafte Verhalten der Katze in Deckung mit dem Wesen der

Frau, die – genauso hinterhältig – den arglosen Mann nur verführe, um ihn zu zerstören.
Dass Katzen sich dem menschlichen Willen selten freiwillig unterordnen, konnte den Hass nur befeuern: Mit den Hunden waren sie von jeher die einzigen Haustiere, die nicht eingesperrt waren, doch anders als der Hund lebten sie immer ihr eigenes Leben, das bald zu natürlich, ungebärdig, wild, vor allem sexuell und moralisch verwerflich erschien. Dass sie ihr natürliches Wesen, zumindest nach dem ersten Eindruck, stets beibehielt, ebnete ihr den Weg für ihren heutigen Siegeszug in die Herzen der Menschen, die sich mehr denn je nach der Natur sehnen. Übrigens – man möchte es nicht glauben – lebt der Makel des satanischen Tiers fort. Noch heute sind schwarze Katzen unbeliebt. Die Mitarbeiter von Tierheimen erleben es Tag für Tag: Schwarze Katzen sind schwerer vermittelbar als andere.

171
Warum ist die Katze in **muslimischen** Ländern **beliebt?**

Weil Mohammed ein großer Tierfreund gewesen sein soll, der besonders Katzen geliebt und strenge Gesetze zu ihrem Schutz erlassen habe. Seine Lieblingskatze war Muezza. Einmal wurde er zum Gebet gerufen, aber sie schlief auf dem Ärmel seines Gewands. Er schnitt den Ärmel ab, um gehen zu können, ohne sie wecken zu müssen. Dass die Katze stets auf ihre vier Pfoten fällt, soll sie auch ihm zu verdanken haben, heißt es. Denn er habe immer ihren Rücken gestreichelt, und alles, was der Prophet berührt habe, müsse stets dem Himmel zugewandt sein.
Dabei hatten die nomadisierenden Araber, bevor sie islamisiert wurden, nichts übrig für Katzen, stattdessen liebten sie ihre Jagdhunde. Erst als sie sesshaft wurden, wussten sie die Dienste der fleißigen Katze zu schätzen.

172
Warum bringt **Maneki Neko** Glück?

Maneki Neko, das heißt „winkende Katze“, ist in Japan der beliebteste und allgegenwärtige Glücksbringer. (→ **182**) Sie wird als Amulett um den Hals getragen und als Figur aufgestellt. Sie ist in Haus und Auto zu finden und ziert Gebäude und Plätze, Busse, Restaurants und Geschäfte, auf dass sie Gastfreundschaft, Liebe, Glück und Reichtum schenke.

Maneki Neko sitzt stets aufrecht auf ihren Hinterbeinen. Eine Pfote hält sie hoch, als winke sie, in der anderen hält sie eine goldene Münze.

Der Legende nach lebte einst ein armer Mönch mit seiner Katze in einem Tempel bei Tokio. Eines Tages flüchtete ein reicher Fürst bei Unwetter unter einen Baum in der Nähe. Da sah er die Katze im Eingang zum Tempel sitzen, sie hielt ihre Pfote hoch, als winke sie ihm. Der Fürst folgte ihrer Einladung, und gerade als er den Eingang erreichte, schlug ein gewaltiger Blitz in den Baum ein, unter dem er zuvor Schutz gesucht hatte. Von diesem Tag an waren der Fürst und der Mönch Freunde und der Tempel, der fortan Goto-kuji-Tempel hieß, wurde wohlhabend.

Die Legende von der wunderbaren Rettung kursiert in vielen Fassungen: Nach einer anderen wurden mehrere Samurai durch die winkende Katze vor dem Tod bewahrt. Eine weitere Legende erzählt, arme Mönche hätten eine heimatlose Katze bei sich aufgenommen. Obwohl sie kaum zu essen hatten, teilten sie das Wenige mit ihr, und auf wundersame Weise mehrte sich ihr Besitz, sodass sie wohlhabend wurden.

173
Wer erfand die **Katzenklappe?**

Auch wenn es immer wieder heißt, Sir Isaac Newton (1643–1727), der englische Physiker, Mathematiker und Astronom, sei der Erfinder dieser segensreichen Einrichtung gewesen, finden sich Hinweise in der Literatur, dass schon die Mäusefänger der Renaissance jene komfortablen Durchschlupflöcher in den Türen hatten.

Katzenklappen, deren Mechanismus durch einen Magneten ausgelöst wird, den die Katze am Halsband trägt, sind übrigens nicht empfehlenswert. Erstens ist dieser Anhänger relativ schwer, zweitens ist der Magnet so stark, dass er metallene Gegenstände anzieht. Die arme Schmitti musste sich so oft mit Schrauben, Nägeln und Münzen abschleppen, dass wir es vorzogen, lieber mal Katzenbesuch in Kauf zu nehmen.

Inzwischen gibt es zwar auch technisch ausgefeilte Anlagen, die mit Infrarotsendern am Halsband oder bei gechippten Katzen sogar mittels Transponder funktionieren, doch je mehr Elektronik ins Spiel kommt, desto größer ist die Störanfälligkeit.

Mensch und Miez

Dass die Katze das beliebteste Haustier ist, verdankt sie nicht allein ihren zahlreichen liebenswerten Eigenschaften oder ihrer „Kernkompetenz“ Mäusefang, sondern ihrer bewundernswerten Anpassungsfähigkeit und Genügsamkeit, die ihr aber genauso zum Verhängnis werden kann.

174
Kennt der Mensch die Katze?

Bei all der Begeisterung für die samtpfötigen Hausgenossen erstaunt, wie wenig über das Verhalten der Hauskatze und ihrer wild lebenden Verwandten bis heute bekannt ist. Die erste wissenschaftliche Arbeit darüber veröffentlichte 1956 Paul Leyhausen. Abgesehen davon, dass die Erforschung großer Säuger eine langwierige Unternehmung ist und

Nager, deren Lebenszyklus ein viel kürzerer ist, schnellere Ergebnisse versprechen, galten Haustierforscher nur als die „blöden Bunny-Boys", so der Verhaltensforscher und Katzenspezialist Dennis C. Turner.
Auch hätten Ethologen und Psychologen kooperieren müssen. Erst durch die zunehmend in den Fokus rückende Disziplin der Verhaltensökologie hat die Haustierforschung an Bedeutung gewonnen: Denn die Anpassung an sich verändernde Umweltbedingungen lässt sich an niemandem so gut untersuchen wie an unseren tierischen Mitbewohnern, ganz besonders den Katzen.

175
Warum ist die **Beziehung** zwischen Mensch und Katze **einzigartig?**

Mensch und Katze pflegen eine echte Sozialpartnerschaft, die sich darin zeigt, dass beide größte Bereitschaft aufbringen, einander gegenseitig Wünsche zu erfüllen und die wechselseitige Zuneigung immer wieder zu bestärken. Auch wenn Katzenfreunde dies schon immer wussten, konnte eine solche Beziehung zwischen den Arten Mensch und Tier nun erstmals wissenschaftlich belegt werden. Dass Katzen – wie unter den Haustieren sonst nur noch Brieftauben – über eine extrem schnelle Auffassungsgabe verfügen, die ihnen ihre Anpassung an die Lebensgewohnheiten der Menschen vereinfacht, trägt zum Gelingen dieser Partnerschaft bei.
Im Gegensatz zu Hunden, die nun geduldig mit Menschen anstelle von Artgenossen Rudel bilden, haben die Katzen ihre Lebensweise den Mitbewohnern zuliebe umgestellt. Streiften die Jäger seit Katzengedenken allein durch die Nacht, leben sie nun in Gemeinschaft, gehen mit ihren Menschen gemeinsam zu Bett und stehen erst auf, wenn der Wecker klingelt.

176
Warum haben Katzen eine so außergewöhnlich gute **Auffassungsgabe?**

Weil sie, wie alle Wildtiere, darauf angewiesen sind, aus Erfahrung zu lernen (→ **130**, **142**, **145**), und weil sie eine große Ausdrucksvielfalt pflegen, die Mimik, Gestik, Laute und Düfte einbezieht. Ihre Äußerungen auf diesen verschiedenen Sinnesebenen sind in allen individuellen Abstufungen denkbar und können in einem jeweils anderen Zusammenhang, in einer anderen Situation verschiedene Bedeutungen haben, die sie dennoch erkennen. Ob der Artgenosse temperamentvoll ist oder eher schüchtern, sie verstehen seine Aussage trotzdem.
Katzen lassen sich gern ein wenig länger Zeit bei der Deutung ihres Gegenübers und dem Abwägen der passenden Handlung. Von Angesicht zu Angesicht spielen besonders die Bewegungen von Augen, Ohren und Schwanz eine Rolle. Dies kann man sehr schön beobachten, wenn mehrere Katzen unbeabsichtigt aufeinandertreffen und die geplanten Wege sich auch noch kreuzen. Wer wann wo und wie passiert, wird erst nach einer ganzen Weile entschieden, nachdem die Blicke immer wieder abgewandt, vielleicht auch mal die Pfoten geleckt wurden, bis schließlich friedliches Blinzeln den Weg frei macht oder sich eine in Zeitlupe in Bewegung setzt, um dann schließlich im Galopp an der Nachbarin vorbeizusausen.

177
Warum ist die Katze so **anpassungsfähig?**

Der Umstand, dass die Hauskatze unter den Haustieren als einzige Art eine ähnlich große Vielfalt an Lebensformen entwickelt hat wie der Mensch, deutet daraufhin, dass sie ein großes Sensorium für Umstände und andere Lebewesen hat, deren Äußerungen sie schnell zu verstehen lernt, wie jeder Katzenhalter weiß. Im Gefolge des Menschen hat sie so unterschiedliche Lebensbedingungen kennen- und in diesen zu bestehen gelernt, wie kaum ein anderes Tier. In den Grundzügen ist der Katze das Kommunikationsvermögen angeboren, doch die Feinheiten des Ausdrucks, die vom Temperament des Individuums abhängen, muss sie sich erst aneignen. Ebenso erlernt sie, wie sie sich äußern muss, um ein bestimmtes Ziel zu erreichen. Dies ist ein lebenslanger Prozess dieser klugen Beobachterin, daher sind missverständliche Signale von Menschen nur zu oft die Quelle schlechter Angewohnheiten und Missbehagen auf beiden Seiten. (→ **198**)

178

Warum kann die Bindung einer Katze zu einem **Menschen enger** sein als zu einem **Artgenossen?**

Weil der Mensch, wenn er sich bemüht, all die liebenswerten Eigenschaften eines kätzischen Genossen in sich vereinen kann, ohne aber dessen weniger angenehme Wesenszüge an den Tag zu legen: Aggression und Rivalität zeigt der Katzenhalter nicht, dafür füttert und streichelt er seine Miez, beides ist Ausdruck einer Fürsorglichkeit, die sie von ihrer Mutter kennt. Bei heranwachsenden Wildkatzen werden die kindlichen Bedürfnisse und Verhaltensweisen mehr und mehr von den Notwendigkeiten des rauen Lebens überlagert, das neben der Futtersuche die ständige Behauptung gegenüber Artgenossen und Feinden erfordert. Die Hauskatzen, selbst wenn sie verwildert sind, haben sich durch die Domestikation ihr kindlich-freundliches Verhalten zum Teil bewahren können. (→ **7**) Da aber Artgenossen nicht als Muttersatz infrage kommen, richten sich diese Bedürfnisse der Katze an den Menschen. (→ **183**) Dieser ersetzt ihnen mit seinem Spiel sogar den Verlust der Geschwister. Allerdings sollte die Möglichkeit einer solch innigen Beziehung nicht zum Grund werden, eine Katze, besonders einen reinen Stubentiger, allein zu halten. Kaum jemand dürfte es gelingen, seiner Katze so viel Aufmerksamkeit zu widmen wie beispielsweise die Katzenmutter das vermag. Und eine Katze ist nicht weniger dem Menschen zugewandt, wenn sie eine felide Wohngenossin hat.

179 Haben Katzen eine **Seele?**

Katzenfreunde werden mit der Antwort nicht zögern: Natürlich haben Katzen eine Seele – oder empfinden sie Freude, Zuneigung, Verzweiflung, Trauer etwa nicht? Wissenschaftliche Unterstützung erfahren sie dabei vom Verhaltensforscher und Katzenexperten Paul Leyhausen, der die Frage stets mit einem klaren Ja beantwortete. Und er sagte auch, warum: Wegen der langen gemeinsamen Abstammungsgeschichte der Säuger Mensch und Tier. Damit ist gemeint, dass Verhaltensweisen, Empfindungen und Reaktionen gar nicht so weit voneinander abweichen können, weil die Verwandtschaft zwischen den Arten viel zu eng ist. (→ **186**)
Viele Theorien über den Ursprung, das Wesen und das Wirken von Gefühlen später weiß man, dass Ratten lachen, Hähne lügen und Mäuse Mitleid haben. Man weiß, dass die tiefer liegenden, entstehungsgeschichtlich älteren Hirnregionen bei allen Wirbeltieren, daher auch beim Menschen, gleich sind. Und was erwiderte Konrad Lorenz ziemlich barsch, als der junge Leyhausen, Student der Zoologie und Psychologie, dem Lehrer erstmals begegnete und ein wenig verlegen bekannte, dass er sich besonders für Tierpsychologie interessiere? „Es gibt nur eine Psychologie."

180
Brauchen Katzen Menschen?

Um zu leben und nicht nur zu überleben, brauchen Katzen Menschen sicherlich. Obwohl sie auch in menschlicher Obhut ihr eigenes und uns oft verborgenes Leben führen (→ **113**), obwohl sie sich selbst versorgen können, wenn es in ihrem Revier genügend Beutetiere gibt, waren auch wild lebende Katzen einst Haustiere und halten sich vornehmlich in der Nähe der Menschen auf. Dies haben sie mit den Tauben gemeinsam. Auch diese Meister der Beobachtung und Anpassung sind verwilderte Haustiere, die zu Unrecht als lästige Dreckmacher und gefährliche Krankheitsüberträger beschimpft werden.

181
Tragen Katzen zum **Wohlbefinden** der Menschen bei?

Jeder Katzenhalter wird auf diese Frage mit Ja antworten. Mittlerweile lassen aber auch Wissenschaftler Zustimmung vernehmen: Während die Anwesenheit eines jeden Tieres den Blutdruck von Probanden senkt und Stress verringert, das Streicheln Gefühle von Sicherheit und Gemeinschaft hervorruft, vermag die Katze durch Schnurren sogar zu heilen. Niedrige Frequenzen zwischen 50 und 150 Hertz können Schmerzen lindern, eine Katze schnurrt zwischen 27 und 40 Hertz. Auf diesen Frequenzen lassen sich Sehnen und Muskeln anregen und womöglich Knochenwachstum und -heilung stimulieren. (→ **2**)

182
Machen Katzen **glücklich?**

Ganz genau wollten dies der Verhaltensforscher und Tierpsychologe Dennis C. Turner und seine Mitarbeiter wissen. Sie befragten Hunderte von Katzenhaltern, von denen ein Teil auch beobachtet wurde. Dabei kam heraus, dass Katzen den Menschen, die eine starke Bindung zu ihrem Tier haben, Unterstützung bieten können, die niemand anderes zu

ersetzen vermag. Bei Alleinstehenden ist diese Wirkung besonders groß, ebenso erfahren sie in depressiven Stimmungen Trost von ihre vierbeinigen Gefährten, wenn diese Tuchfühlung aufnehmen.
Auf Frauen haben Katzen eine besondere Wirkung: Sie fühlen sich, was Stimmungen, Selbstsicherheit und Lebensqualität betrifft, in jeder Hinsicht mit Katze besser als ohne. Ein Partner kann all diese Stimmungen nicht beeinflussen. Gleichwohl können Partnerschaft und Katze Frauen in Hochstimmung versetzen. Einem Mann beschert eher eine Partnerin ein Hochgefühl als eine Katze, die allerdings auch bei ihm für Wohlbefinden sorgt. Das erstaunliche Resümee der Untersuchung: Ein Mann trägt weniger zur Zufriedenheit einer Frau bei als ihre Katze.
Ein kleiner Trost: In einer repräsentativen Umfrage nahmen immerhin 60 Prozent der Frauen an, dass Männer, die Katzen halten, sensibler und einfühlsamer sind als Männer ohne Katzen. Da wundert es fast schon nicht mehr, dass im Land der Maneki Neko Katzen-Cafés sich größter Beliebtheit erfreuen. (→ **172**) In ganz Japan gibt es nun schon 20 Lokalitäten, in denen die Gäste mit Kätzchen spielen können, und weil das Bedürfnis offenbar kaum zu stillen ist, befindet sich eine erste Kette in Planung.

183
Wie **sehen** Katzen Menschen?

Optisch nehmen Katzen Menschen in ihrer Silhouette, wahrscheinlich anhand ihrer Bewegungen wahr. Vertraute Menschen identifizieren sie dazu am Geruch und an der Stimme. Weiter sieht die Katze im Menschen eine Art Muttersatz: Er ist groß, stark, nahezu allmächtig, er ernährt sie, gibt ihr Obdach, beschützt sie. Er streichelt sie, was sie an das Lecken ihrer Mutter erinnert. Deshalb stellt sie als Antwort auch den Schwanz steil nach oben, mit abgeknickter Spitze: So reagieren Katzenkinder auf mütterliche Zuwendung. Stets nimmt die Katze den Menschen als dominant wahr, was für die zuverlässige Benutzung der Katzentoilette beispielsweise eine Grundvoraussetzung ist. (➔ **152**) Dementsprechend kann die Katze eine sehr starke Bindung zu einem Menschen eingehen, die viel enger sein kann als zu Artgenossen, wenn diese nicht gerade ihre Geschwister sind. Mit denen versteht sie sich in der Regel am allerbesten. (➔ **178**)

184
Miau meow miaou – Warum **maunzen** Katzen?

Um sich mit den Menschen zu unterhalten. Erwachsene Katzen verständigen sich untereinander weitgehend durch Mimik, Körper- und Augensprache – das ist für Menschen zu schwierig. Nur Katzenkinder und ihre Mutter maunzen. Das Miau einer ausgewachsenen Hauskatze – nicht zu verwechseln mit der „Katzenmusik“, die der Werbung ums andere Geschlecht dient – gilt dagegen stets dem Menschen, dessen Kommunikationsform sie sich anzupassen versucht, wenn auch manche Forscher die Ansicht vertreten, dass es sich nur um die Fortführung der Babysprache des ewigen Kindes handele. (➔ **178**) Egal, welcher Erklärung man den Vorzug gibt, fest steht, dass das Maunzen einer erwachsenen Hauskatze stets eine Mitteilung an den Menschen ist, die er beachten sollte.

185
Welcher **Laut** bedeutet was?

Während das leise Miauen, das wie ein Gurren wirken kann, eine freundliche Begrüßung oder eine Aufforderung zum Spielen bedeutet, ist das kurze, helle Miau nah verwandt mit dem Hilferuf des Jungen an seine Mutter und auch bei der erwachsenen Katze in der Regel ein Laut des Missbehagens. Zwar kann es einfach heißen, dass der Napf leer ist, doch besonders dann, wenn sie sich gar nicht beruhigen will, sollte man herauszufinden versuchen, was sie mitteilen will. So hat Fritzi eines Tages unentwegt gemaunzt, aber wir konnten uns nicht erklären, was sie sagen wollte. Am nächs-

ten Morgen hatte ihr schon erwachsener Sohn Foxi gelähmte Hinterläufe. Es stellte sich heraus, dass er als Folge eines bis dahin unerkannten Herzfehlers ein Blutgerinnsel in der Aorta hatte, das die Nerven zu den hinteren Körperregionen abschnürte. Fritzis feine Katzennase wird durch Veränderungen des Stoffwechsels alarmiert worden sein.
Auch Sunnys stundenlanges Maunzen wurde ignoriert. Bis ihre genervte Halterin schließlich doch mit ihr in die Scheune ging, wo die Jungen untergebracht waren. Eines hatte sich in der Schlaufe einer Kordel stranguliert und Sunny wollte Hilfe holen. Seitdem wird ihr inständiges Maunzen sofort erhört – und es hat jedes Mal einen Grund.

186 **Verstehen** Menschen Tiere?

Viele Menschen – besonders Nichttierhalter – werden diese Frage verneinen, dabei müssten sie nur auf ihr Innerstes hören. Ein Forscherteam der University of Glasgow hat zwölf Probanden Laute von Affen, Katzen und Menschen vorgespielt, die sie als Äußerungen positiver oder negativer Gefühle bewerten mussten. Bei der Beurteilung der Tierlaute scheiterten die Versuchsteilnehmer, dabei registrierte ihr Gehirn diese genauso deutlich und zutreffend als Äußerungen von Angst oder Unbehagen wie die menschlichen Laute. Anscheinend ist die Fähigkeit zur Übersetzung verloren gegangen.

187 Wie **kommuniziert** der Mensch mit seiner Katze?

Auch wenn eine Unterhaltung in Katzensprache höchste Anforderungen an die Aufmerksamkeit stellt, um all die feinen Signale wahrzunehmen, so kann der Mensch wenigstens ein paar Höflichkeitsfloskeln lernen. Die wichtigste Regel lautet: Nicht anstarren! Katzen nehmen es als Bedro-

hung wahr, wenn Augen unverwandt auf sie gerichtet sind. Auch wenn man sich an seiner Miez nicht sattsehen kann, sollte man den Blick öfter abwenden. Besonders freundlich ist es, zu blinzeln und die Augen immer wieder deutlich zu schließen, indem man die Augenlider langsam senkt.
(➔ **139**, **158**)
Geht man auf die Katze zu, etwa um sie zu streicheln, sollte man sie erst einmal an der Hand schnuppern lassen, das ist die Antwort auf ein „Wie geht's?". So kann sie eine ganze Menge über ihr Gegenüber erfahren und dann immer noch entscheiden, ob sie nicht besser gehen soll. Aber lieber lässt man die Katze auf sich zukommen und selbst den Kontakt aufnehmen. Und wenn sie kommt, sollte man immer Zeit für sie haben, denn dann kann es zu Momenten tiefsten Verständnisses und rührender Innigkeit kommen. Sofern man nicht versucht, sie auf den Arm zu nehmen, denn das mögen die wenigsten Katzen.

188
Lassen sich Katzen **erziehen?**

Sicher nicht so, wie sich Hunde erziehen lassen. Dies liegt aber nicht an der Sturheit der Katzen, sondern daran, dass sie keine Rudeltiere sind wie Hunde, zu deren Natur es gehört, dem ranghöheren Tier, das auch ein Mensch sein kann, zu gehorchen. Für eine Katze gibt es keine solche Rangordnung. Auch wenn sie ein soziales Tier ist und in einer Gruppe leben kann (➔ **3**, **115**, **151**), so geht sie doch stets allein auf die Jagd und ist zum Überleben nicht auf Artgenossen angewiesen. Da Katzen ein so gutes Gedächtnis und eine hervorragende Beobachtungsgabe besitzen, kann man sie allerdings durch das Belohnen von erwünschtem Verhalten bestätigen und wird damit sicherlich kleine Erziehungserfolge erzielen. So gelang es mithilfe von Katzentabs stets, Miezi abzulenken und in ihr Körbchen zu locken. (→ **196**)

189
Was ist der Katze **verboten?**

Sie soll nicht auf dem Tisch herumspazieren, nicht an den Möbeln kratzen, nicht im Bett schlafen? Nicht auf die Küchenschränken springen, keine Maus mitbringen? All diese „Vergehen" wurzeln zutiefst im natürlichen Verhalten der Katze. Ihre Unrechtmäßigkeit kann sie nicht verstehen: Natürlich möchte sie an demselben gemütlichen Plätzchen liegen wie ihr Mensch, am liebsten mit ihm zusammen. So fühlt sie sich an die Wärme und Nähe ihrer Geschwister und ihrer Mutter erinnert. Gerade scheue Katzen scheinen sich zudem neben einem liegenden, ruhenden Menschen sicherer zu fühlen. (→ **66**) Dass sie an Leckereien interessiert sind, wird man ihnen auch nicht ernstlich vorwerfen können, und an den Möbeln kratzen Katzen, weil sie Duftbotschaften hinterlassen und nebenbei noch etwas Krallenpflege betreiben können. Da gilt es, attraktiven Ersatz zu schaffen. (→ **115**, **116**, **119**, **125**, **137**) Auf die Küchenschränke springen sie, weil sie neugierig sind und es natürlich interessant ist, wo all die leckeren, duftenden Sachen herkommen. Und wenn eine Katze Beute mit nach Hause bringt, muss die erfolgreiche Jägerin unbedingt gelobt werden. Etwas Artgerechteres kann man ihr ohnehin nicht zu fressen geben (→ **13**) und ihr Jagdtrieb ist angeboren, er wird ihr niemals abzugewöhnen sein (→ **78**, **135**, **136**), genauso wenig wie andere natürliche Verhaltensweisen. Diese sollte man akzeptieren oder einen artgerechten Weg der Abhilfe finden. Alles andere wird nichts als beiderseitige Verzweiflung und womöglich Verhaltensstörungen der Katze zur Folge haben.

190
Versteht die Katze den Menschen?

Als gute Beobachterin versucht sie natürlich, die Signale ihres Nächsten zu verstehen und seine Verhaltensweisen zu durchschauen. Das gelingt ihr oft besser, als man denkt (➔ **144**), doch manchmal legt der Mensch ein in ihren Augen irrationales Gebaren an den Tag, das sie beim besten Willen nicht entschlüsseln kann, zum Beispiel wenn er sie beim Treteln wegschubst (➔ **156**) oder wenn er zur Tür reinkommt und sie aus heiterem Himmel anschreit. Dann ist die Katze erschrocken und verschwindet lieber in ein sicheres Eckchen, bis er sich beruhigt hat und alles wieder ist wie sonst.
Der Mensch ist gerade nach Hause gekommen und glaubte seinen Augen nicht zu trauen: Hat die doch an seine unausgepackte Reisetasche gepinkelt! Und sie scheint ja auch ein mächtig schlechtes Gewissen zu haben, sonst hätte sie sich bei seinem Anblick ja nicht gleich verdrückt. Na warte ...
Die Missverständnisse nehmen ihren Lauf, Mensch und Miez sind ratlos, er schimpft auf das boshafte, rachsüchtige Biest, sie ist verzagt und verängstigt und außerdem muss sie ganz nötig, aber im Katzenklo gibt es kein trockenes Körnchen mehr und es ist gar nicht so einfach, ein anderes Plätzchen ...

191
Warum darf man eine Katze nie **bestrafen?**

Weil sie die menschliche Demonstration von Ärger nur selten in einen Zusammenhang mit ihren Taten zu setzen vermag. Den Grund einer Missfallensäußerung erkennt sie nur, wenn diese unmittelbar auf das Fehlverhalten folgt, noch besser währenddessen geäußert wird. Natürlich weiß die Katze, dass es ihr „Geschäft" ist an der Tasche da, die fremd riecht und gar nicht dorthin gehört, aber sie ahnt nicht, dass es der Auslöser für die ganze Aufregung ist. Sie hat es

vor Stunden dort hinterlassen. Nein, der Grund für das Geschrei muss ihre Begrüßung gewesen sein. Aber sie ist doch einfach nur an die Tür gekommen, wie immer?! Sollte sie das lieber nicht mehr tun?
Ungefähr so denkt die Katze. Einziges Resultat des Schimpfens wird folglich sein, dass sie künftig vorsichtig ist, wenn ihr Mensch nach Hause kommt. Es wird sie aber nicht davon abhalten, eine angemessene Alternative zur verschmutzten Katzentoilette zu suchen. Das früher oft praktizierte Mittel, die Nase des Übeltäters in seine Hinterlassenschaft zu stupsen, ist daher ebenso wirkungslos und nur ein Akt der Gewalt.

192 Was tun mit der feliden **Missetäterin?**

Auch hier gilt, als Erstes die Ursachen für abweichendes, unerwünschtes oder auffälliges Verhalten zu ermitteln. Gerade wenn irgendein Unwohlsein die Katze plagt, irgendetwas ihr Kummer oder Verdruss bereitet, dazu zählt auch ein nicht benutzbares Katzenklo, ist die Wahrscheinlichkeit groß, dass unbeherrschte Reaktionen ihre Verunsicherung nur verschlimmern. Aggressives Verhalten – als nichts anderes interpretiert die Miez Geschrei und Geschimpfe – heißt in Katzensprache überdies: Verschwinde, du bist hier nicht mehr erwünscht! Das kennt sie vielleicht schon von ihrer Mutter, die trotz rührender Fürsorglichkeit die Jungen irgendwann ziemlich ruppig aus dem Nest vertreibt. Und da der Mensch auch eine Art Mutter ist, fühlt die Katze sich ein zweites Mal vertrieben. Nur – wohin soll sie gehen, wenn sie eingesperrt ist?

193
Die Miez hat **Strafe** verdient?

Wenn all die Plädoyers zum Verständnis der Katzenseele nichts auszurichten vermögen: Natürlich wird man durch ein wiederholtes Nein oder abschreckendes Geschrei bei jedem Fehlverhalten die Katze zu der Erkenntnis kommen lassen, dass eine bestimmte Handlung mit einer ruppigen Reaktion verbunden ist. So was nennt man dann aber Konditionierung, denn verstehen wird sie es nicht. (➔ **196**)
Zu den gern gegebenen Ratschlägen, wie mit „ungehorsamen" Katzen umzugehen ist, gehört der Tipp, sie mit einer Wasserpistole nass zu spritzen – allerdings nur aus dem Hinterhalt, damit sie nicht sieht, dass ihr Mensch der Urheber ist, denn dann wäre der „Lernerfolg" hin. Sie würde sich nämlich fragen, warum der plötzlich so fies ist. Nein, diese Maßnahme funktioniert nur dann, wenn die Katze lernt, dass das Bett zu meiden ist, weil es sie immer nass macht.
In manchen Situationen kann man allerdings die Erziehungsmethoden der Katzenmutter einsetzen: Zwickt die Miez im Eifer des Gefechts den Arm zu fest, kann ein leichtes Anschnauben Grenzen setzen. Genauso reagiert die Mutter auf ihr Junges, das im Spiel zu wild wird. Hierbei handelt es sich aber um vertraute Kätzchenerziehung, die auch in den Geschwisterspielen stattfindet und lehrt, den anderen nicht zu verletzen, und mitnichten um ein aus Katzensicht unverständliches Erziehungsziel wie zum Beispiel, einen kuscheligen Liegeplatz zu verwehren – das würde die Katzenmama nie tun.

194
Was tun, um unerwünschtes Verhalten zu **vermeiden?**

Am besten für alle Beteiligten ist es, die Katze durch physische Hindernisse von ungewolltem Treiben abzuhalten. Jede Aggression ihr gegenüber, die auch ein scharf ausgesprochenes Nein beinhaltet, entfällt damit genauso, wie rund um die Uhr jedes Fehlverhalten lautstark zu missbilligen. Das wäre kaum durchzuhalten und würde das Verhältnis zwischen Mensch und Miez nur belasten. So lassen sich Blumentöpfe mit allerlei Materialien abdecken – große Steine können sogar ganz hübsch aussehen –, die Stuhlbeine und Sofalehnen kann man mit Alufolie oder Kaninchendraht präparieren, bis der Kratzbaum angenommen wird, und an Stellen, die schon mehrmals verunreinigt wurden, einen Leckerbissen servieren. Auch Menthol- und Zitrusdüfte belästigen die Katzennase, sodass die Miez sich fernhält.

195
Warum zeigen manche Katzen **störende** Verhaltensweisen?

In der Regel, weil ihnen etwas missfällt und sie einen Weg suchen, Abhilfe zu schaffen – nie aus Bosheit oder Rache. So sind sie nicht aus Protest unsauber, sondern die Stelle, an der sie ihr Geschäft verrichten, erscheint ihnen besser: sei es, weil sie ruhiger ist oder weil sie dort ihr Duftsignal optimal setzen können. Meistens haben sie ihr Unbehagen auch schon geäußert, es hat nur niemand bemerkt. Oder es war niemand da, der hätte sehen können, wie furchtbar langweilig auch dieser Tag wieder war und der davor und alle anderen auch.

Meistens aber fällt „unartigen“ Katzen nicht einmal im Traum ein, dass sich jemand über ihr Verhalten ärgern könnte – weil es ganz normal ist, aber das weiß der Mensch oft nicht. Er bezieht sowieso viel zu viel auf sich: Da hat er sich immer ausgedacht, wie schön das sein wird, mit einem schnurrenden, seidenweichen Fellball abends auf dem Sofa zu liegen, und nun tobt ein Wirbelwind durchs Zimmer und will spielen. So hat er sich das nicht vorgestellt. Die Katze sich aber auch nicht, dabei gibt sie sich solche Mühe.

196
Lassen sich Katzen **dressieren?**

Ja, wenn ihnen das Kunststück Spaß macht und sie belohnt werden. Miezi konnte durch einen Reifen springen und Pfötchen geben. Manche Leute lassen ihre Katze damit im Fernsehen auftreten, denn gemeinhin denkt man, Stubentiger ließen sich nicht dressieren, hörten nicht und seien sowieso viel dümmer als Hunde. Das stimmt natürlich nicht, nur müssen Katzen die Notwendigkeit erkennen, durch einen Reifen zu springen. Dass der Mensch das befiehlt, reicht einem Nichtrudeltier natürlich nicht. Einen Leckerbissen hinzuhalten, wirkt besonders bei „verfressenen" Katzen motivierend, aber noch mehr Vergnügen bereitet es den intelligenten Tieren, wenn ihr Mensch sich mit ihnen beschäftigt und ihr Geist angeregt wird. Miezis Reifennummer einzuüben, nahm einige Abende in Anspruch, aber dann hat sie das Kunststück nie mehr vergessen und es immer wieder gern aufgeführt. Sobald die Holzklötze, der Reifen und der Stock – zum Deuten auf die Klötze – auftauchten, wusste sie Bescheid. Das Pfötchengeben hat sie

viel schneller gelernt: Sie wusste spätestens beim dritten Mal, dass in der Hand, die sie „schütteln“ sollte, ein Katzentab war – für diese Leckerbissen hätte sie fast alles getan.

197
Warum soll man kleine Kätzchen niemals mit den **Fingern** spielen lassen?

Auch wenn es kaum etwas Niedlicheres gibt als Katzenbabys und man ihnen rein gar nichts abschlagen kann, sollte man beim Spiel eine Grundregel vom ersten Tag an beherzigen: Nie mit den Fingern! Was bei den kleinen, weichen Krallen leichte Piekser verursacht, wird bei einer ausgewachsenen Katze zum blutigen, tiefen, schmerzhaften Kratzer – ohne dass sie das gewollt hätte. Daher muss man seinem Kätzchen von klein auf angewöhnen, dass Finger kein Spielzeug sind. Man sollte immer einen Gegenstand nehmen, ein Stöckchen oder einen Korken etwa. Denn auch hier gilt: Was die kleine Katze nicht gelernt hat, ist der großen nie mehr beizubringen. Wie sollte sie auch verstehen, dass sie plötzlich nicht mehr nach den Fingern jagen darf, die so schön über eine Tastatur zappeln?

198
Wie vermeidet man **lästige Angewohnheiten?**

Auch durch Zufall kann es bei Katzen zum Erlernen lästiger Verhaltensweisen kommen. Einmal verfestigt, sind sie nur schwer wieder abzugewöhnen. Mausi, die als erwachsene und sehr verschüchterte Katze zu uns kam, fasste sich irgendwann ein Herz und fand sich zur allabendlichen Zusammenkunft im Wohnzimmer ein. Nachdem sie sich dann eine ganze Weile später neben mir auf dem Sofa sicherer fühlte, stellte sie meistens fest, dass sie gern noch ein wenig mehr gestreichelt würde. Um mir das mitzuteilen, zwickte sie mich in den Arm, zwar nicht zu fest, aber deutlich. Ich war überrascht und auch amüsiert, dass sie plötzlich so energisch war, und kam ihrer Aufforderung nach, bis

ich selbstkritisch feststellen musste, dass man auf diese Weise einer Katze lästige Gewohnheiten geradezu beibringen kann.
Heute achte ich darauf, dass ich schon vorher mit dem Streicheln anfange. Ein Erziehungserfolg, der ihr hoffentlich noch nicht aufgefallen ist …

199
Warum **beißt** eine Katze die Hand, die sie streichelt?

Ganz klar: Weil sie nicht mehr gestreichelt werden will.
Man kennt das: Da liegt die Katze neben einem, lässt sich streicheln, schnurrt zufrieden und dann passiert's – die streichelnde Hand wird weggebissen, mit scharfen Krallen traktiert! Großes Geschrei und Empörung. Die Gescholtene fühlt sich nur bestätigt: Eine Attacke! Zum Glück hat sie die gerade noch rechtzeitig abwehren können!
Katzen kratzen und beißen nie aus heiterem Himmel, einem vermeintlichen Angriff geht immer eine Fülle von Signalen voraus: Die Katze liegt nicht mehr ganz so behaglich da, sie wendet mal den Kopf, versteift sich oder zuckt ein wenig, sie schnurrt auch gar nicht mehr. Spätestens wenn sie den Schwanz hin und her schlägt, sollte die Hand schleunigst zurückgezogen werden. Leider verfolgt der Mensch aber gerade den Actionstreifen auf dem Bildschirm und hat gar keinen Sinn für das, was auf dem Sofa neben ihm passiert. Und das können manche Katzen schon gar nicht ausstehen.
Natürlich gibt es auch andere Gründe für kätzische Aggressionen: Angst, Stress und vor allem Schmerz. Dieser kann seine Ursache in einer Krankheit haben, es kann aber, je nach Beschaffenheit des Untergrunds der Streichelszene, auch zu elektrostatischer Entladung kommen, zum Beispiel wenn man Gummisohlen unter den Schuhen hat.

200

Ehen unter **Katzenfreunden** seien die glücklichsten, sagt ein altes Sprichwort in Frankreich – Aberglaube?

Keineswegs! Eine Studie der University of New York hat nachgewiesen: Katzen – und Hunde – wirken sich positiv auf Partnerschaften aus. Paare sind wie alle Menschen mit Tieren glücklicher und sie führen eine engere Beziehung. Gründe dafür können darin liegen, dass Tiere Stress reduzieren und Depressionen verhindern. Allein durch den Anblick des vertrauten Tiers senken sich Blutdruck und Pulsfrequenz. Glückshormone werden freigesetzt, die das Wohlbefinden fördern. Haustierhalter erkranken seltener und weniger schwer. Die Studie zeigt auch, dass Intensität der Beziehung und Intensität der Bindung zum Tier in einer Verbindung stehen. Gleichwohl kam heraus, dass Menschen in Anwesenheit ihres Tieres schwierige Aufgaben besser lösen als in Anwesenheit ihres Partners!

201

Wie findet man eine **passende Katze?**

Am besten ist es sicherlich, einer Katze aus dem Tierheim ein neues Zuhause zu geben. Die Tiere sind gesund und geimpft, die Mitarbeiter können Auskunft über die unterschiedlichen Charaktere geben und im Idealfall einschätzen, wer zu wem passt. Will man eines der vielen Kätzchen zu sich nehmen, die in Zeitungen, an Pinnwänden oder im Bekanntenkreis angeboten werden, sollte man sowohl auf Krankheitssymptome (→ **40**) als auch auf das soziale Verhalten achten: Ist das ausgewählte Tier eher schüchtern oder draufgängerisch? Ist es ängstlich und spielt nicht mit seinen Geschwistern? Hat es Angst vor Menschen oder kommt es neugierig und freundlich auf die Besucher zu? Ist es mindestens zehn, besser zwölf oder 14 Wochen alt? Ist es unter Bedingungen aufgewachsen, die jenen ähneln, unter denen es künftig leben soll? Wird es ausschließlich im Haus gehalten oder hat es Auslauf nach draußen?

Katzen sind sehr individuell – das liegt nicht nur an Alter, Geschlecht, Herkunft und Erfahrungen, sondern ganz einfach am Charakter. Selbst Katzengeschwister aus einem Wurf sind ganz unterschiedlich. Handelt es sich um ein schüchternes Tier, ist beim neuen Besitzer sehr viel Geduld vonnöten und eine Selbstsicherheit, die verhindert, dass die Zurückhaltung der Katze als Feindlichkeit verstanden wird. Manchmal ist aber auch alles ganz einfach: Katz und Mensch sehen sich an und wissen, dass sie zueinander passen. So war es bei unserem Kater Mecki, der im Alter von elf Jahren zu uns kam. Bisher hatten wir – Pfützen hin oder her – nie Anlass, diesen ersten Blick infrage zu stellen.

202

Worauf sollte man achten, wenn man eine **zweite Katze** haben möchte?

Sicher ist, dass Katzen sich am allerbesten mit ihren Geschwistern verstehen. So innig und anhänglich pflegen sie den Umgang mit fremden Katzen selten. Auch heißt es, dass man als zweite Katze lieber eine jüngere aufnehmen sollte, weil sie eher bereit sei, sich unterzuordnen. Es heißt, dass zwei kastrierte Kater oder Kater und Kätzin sich besser vertrügen als zwei Kätzinnen, die dazu neigen, auf ihren Revieransprüchen zu beharren, und dass ein ganz junges Kätzchen den Brutpflegetrieb bei erwachsenen Katzen wecken würde. Aber all dies sind Regeln, die genauso gut auch deren Ausnahme bestätigen können. Letzten Endes hängen Frieden und Unfrieden allein von den Charakteren der Beteiligten ab.

203

Lebt die Katze lieber allein oder in **Gesellschaft** von Artgenossen?

Auch dies hängt vom Charakter der Katze ab. Freigänger können über Art, Intensität und Häufigkeit ihrer sozialen Kontakte ohnehin selbst entscheiden. Sie treffen in der Nachbarschaft oft genug auf Katzen, dennoch gibt es viele Miezen, die sich auch zu Hause über gesellige Artgenossen freuen. Bei einer Katze, die nur in der Wohnung gehalten werden soll, kommt es darauf an, ob es sich um ein junges und/oder soziales Tier handelt, das nie zuvor allein war, oder um einen eingefleischten Single. Für beide kann eine elementare Änderung ihrer Lebensweise – für die eine das Alleinsein, für die andere Katzengesellschaft – ein Schock sein. Aber auch ein alter Grantler kann sich über jugendliche Gesellschaft freuen, und es kommt vor, dass Katzen, die immer mit anderen zusammengelebt haben, aufblühen, wenn sie irgendwann allein sind. Und warum sich Katzen mögen oder nicht, ist kaum zu ergründen.

204
Was sollte man bei der **Eingewöhnung** der neuen Katze beachten?

Geduld bei der Eingewöhnung ist unbedingt vonnöten. Katzen brauchen sehr lange, um sich richtig einzuleben und sicher zu fühlen. Bei einer erwachsenen Katze von eher zurückhaltendem Naturell kann es ein Jahr dauern, bis sie ihren Platz in der Katzengesellschaft gefunden hat.
Man sollte die neuen Wohngenossen in den ersten Tagen in getrennten Zimmern unterbringen und diese tauschen, damit sich ihre Geruchswelten angleichen können. In der Anfangszeit sollte man sie, auch wenn sie sich schon etwas aneinander gewöhnt haben und nicht mehr getrennt sind, nicht lange allein zu Hause lassen. Keinesfalls sollte die Ureinwohnerin das Gefühl entwickeln können, abgeschoben zu werden oder weniger Aufmerksamkeit zu erhalten. Es kann helfen, beiden jeweils etwas von der anderen zum Schnuppern zu geben, ein Kissen oder eine Decke etwa. Dann wird ihnen der Geruch schon mal vertraut und sie erfahren das ein oder andere übereinander. Man sollte beide Katzen genau beobachten und bei andauernden handgreiflichen Auseinandersetzungen trennen, vor allem wenn sie so hasserfüllt sind, dass Verletzungen in Kauf genommen werden. Sollte sich das Verhältnis nicht bald bessern, muss die neu Zugezogene wieder ausziehen, denn die Zeit wird daran kaum mehr etwas ändern. Im Gegenteil, es könnten beide Miezen Verhaltensstörungen entwickeln.

205
Sollte der Mensch bei **Streit** unter Katzen **eingreifen?**

Lieber nicht – die Beteiligten regeln das viel besser unter sich und schaffen so ihre Hierarchie, auch wenn die nicht von Dauer sein muss. Allerdings kann man, wenn sich ein Konflikt ankündigt, die „Aggressorin“ versuchen abzulenken. Wenn man sie zum Spiel auffordert oder einfach nur ruft und sie streichelt, hat sie die geplante Attacke wahr-

scheinlich schnell vergessen, und Spannungen können sich lösen.
Aber auch wenn es keinen lautstarken Streit gibt, kann eine feindliche Stimmung unter den Katzen herrschen. Ihre Möglichkeiten, subtile Mitteilungen für Menschen unbemerkt untereinander auszusenden, sollten nicht unterschätzt werden. So kann eine Katze ihre Dominanz zeigen und ihre feliden Mitbewohner unter Druck setzen, ohne dass ein Härchen gekrümmt würde. Harrt eine Miez beispielsweise tagaus, tagein an einem Platz aus und lässt sich kaum weglocken, kann es sein, dass sie sich aus lauter Angst und Unsicherheit nicht zu bewegen traut und am liebsten unsichtbar wäre.
In der Regel jedoch wirkt es sich positiv aus, dass Stubentiger sich manches von ihrem kindlichen Verhalten bewahrt haben, darunter auch ihre Geselligkeit. (➔ **7**, **178**) Andererseits kann die Anpassungsfähigkeit von Katzen auch dazu führen, dass sie die Gepflogenheiten einer Gruppe annehmen: Treffen sie dort auf unfreundliche Mitkatzen, werden sie unter Umständen bald ein ähnlich ruppiges Verhalten an den Tag legen.

Gefahren

Viele Menschen wollen allein aus Besorgnis ihre Katze nicht rauslassen. Doch sie unterschätzen die Samtpfote, ihre Sinne und Fähigkeiten. Auch im sanftmütigsten Stubentiger sind alle Instinkte wach, spätestens wenn er aus der Haustür tritt. Und welche Gefahren lauern dort überhaupt?

206
Bestehen Katzen im **Autoverkehr?**

Stadtkatzen meiden meistens den Straßenverkehr. Die Gefahr, vom Auto überfahren zu werden, ist auf dem Land oder in Dörfern größer, wo Katzen auf einer vermeintlich ruhigen Straße von zwar wenigen, aber dafür rasenden Autos überrascht werden. Eine Stadtkatze ist mit dem Problem vertraut, selbst eine vergleichsweise wenig befahrene Wohnstraße wie die unsrige, die allerdings alle paar Minuten der Bus passiert, ist kaum attraktiv für eine Katze. Viel zu unruhig, viel zu viele Passanten. Selbst Schmitti, die keine Scheu vor Menschen hat, sitzt nur in den stillen Nächten vor dem Haus. Ansonsten zieht sie die ruhigen Hinterhöfe vor, wie all die vielen anderen Katzen in unserer Straße. Manchmal ist das Überqueren einer Fahrbahn allerdings unumgänglich. Wie Katzen die Aufgabe bewältigen, ist individuell verschieden. Ängstliche Gemüter warten, bis sie kein Motorengeräusch mehr vernehmen, aber die anderen, zumal wenn sie es eilig haben oder erschrocken sind, kneifen einfach die Augen fest zu und rennen hinüber. Das kann natürlich nur in einer verkehrsberuhigten Großstadt gut gehen.

207
Können Katzen sich **verlaufen?**

Erwachsene Katzen verlaufen sich nicht. In ihrem Revier kennen sie jeden Stein und dank ihres exzellenten Gedächtnisses für topografische Merkmale sind sie in der Lage, sich anhand markanter Stellen wie Kirchtürme, Hügel oder stark befahrene Straßen auch zu orientieren, wenn sie sich außerhalb ihres Reviers befinden. (→ **98**, **120**) Ein Kater auf Wanderschaft wird immer wieder nach Hause zurückfinden. Bei der Erkundung eines neuen Reviers, das ja meist schon das Revier einer anderen ist, sind Katzen sehr vorsichtig und erweitern ihren Radius erst nach und nach. Sehr junge Kätzchen, die gerade erst die Welt entdecken, können eher verloren gehen. Vor lauter Neugier entfernen sie sich schon mal zu weit von vertrautem Terrain, oder sie erschrecken und rennen kopflos weg, sodass sie die Orientierung verlieren. Es empfiehlt sich, sie im Auge zu behalten.

208
Was wird **Freigängern** immer wieder zum Verhängnis?

Katzen sind neugierig und kennen natürlich jeden Winkel ihres Reviers, dazu gehören auch Keller und Garagen – neben dem Autoverkehr sind sie die größte Gefahr für Freigänger. Höhlenartiges, dunkle Eingänge und Ähnliches üben große Anziehungskraft auf Katzen aus. Nur zu oft spazieren sie durch eine geöffnete Tür in den Keller, aus dem ein Nachbar an den ersten warmen Frühlingstagen gerade die Liegestühle holt. Er sieht die Katze nicht, die sich vor dem polternden Mann lieber verbirgt, und schließt ordnungsgemäß die Tür hinter sich. Wenn sie Glück hat, kommt gleich der Nächste, um den Grill zu holen. Sonst kann sie nur darauf hoffen, bald vermisst zu werden. Die erste Suche nach der ausbleibenden Miez sollte daher stets in benachbarten Kellern und Garagen stattfinden. Eine Katze kann ohne Wasser drei Tage überleben, ohne Futter vielleicht eine Woche.

209
Kann eine Katze **Gift** fressen?

Legt ein Kammerjäger Gift gegen Ratten und Mäuse aus, platziert er die Köder so, dass nur die, für die sie bestimmt sind, daran kommen. Es besteht die Gefahr, dass ein Beutetier der Katze einen giftigen Köder gefressen hat. Das gebräuchliche Cumarin ist ein Blutgerinnungshemmer, und erst Tage, nachdem ein Nager es gefressen hat, stirbt er an inneren Blutungen. Sonst würden die intelligenten Tiere sofort merken, wo die Giftquelle ist und diese meiden. Die Symptome einer Strychninvergiftung sind Krämpfe und die Erweiterung der Pupillen, eine Cumarinvergiftung dagegen macht sich durch Erbrechen, blutigen Durchfall und blaue Flecken am Bauch bemerkbar, die man natürlich nur bei hellbäuchigen Miezen sehen kann. Wird die Katze rechtzeitig behandelt, kann sie überleben. Es empfiehlt sich, unbedingt darauf zu achten, ob in der näheren Umgebung der Warnhinweis eines Kammerjägers hängt oder gerade ein Nachbar mit Gift gegen Schädlinge vorgeht. Dann lässt man die Katze besser drin.

210
Sind **Tierfänger** am Werk, wenn Katzen verschwinden?

Immer wieder werden Katzen vermisst. Wenn sich solche Fälle in einer Gegend auffallend häufen, heißt es schnell, Tierfänger trieben ihr Unwesen. Häufig wird das spurlose Verschwinden der Tiere in einen zeitlichen Zusammenhang mit Schuh- und Altkleidersammlungen gesetzt. Zeitungsmeldungen und Internetforen warnen seit Jahren davor, dass die Miezen mit Duftstoffen angelockt würden.

Doch trotz der großen Aufmerksamkeit, die Tierhalter diesem Thema widmen, gab es nie einen Verdächtigen, kam es in keinem einzigen Fall zu einer Anklage. Mittlerweile glauben auch manche Tierschützer nicht mehr an den professionellen Tierfänger. Ist der womöglich so etwas wie die „Spinne in der Yucca-Palme“?

211
Was spricht gegen die **Wahrscheinlichkeit** von **Tierfängern**?

Um einen Kater anzulocken, müsste man eine rollige Kätzin oder spezifische Pheromone einsetzen, die zu gewinnen eine Kunst für sich wäre. Kastrierte Kater und Kätzinnen würde man so gar nicht einfangen können. (➔ **69**, **120**) Aufwand und Kosten wären hoch, der Ertrag gering, und es handelte sich um eine Straftat. Da ist es viel günstiger, billige Felle aus Asien zu importieren, oder – ganz einfach – Katzenbabys abzuholen, die angeboten werden! Labore kommen als Abnehmer ohnehin nicht infrage. Die züchten ihre Versuchstiere selbst, um repräsentative Ergebnisse erzielen zu können.

212
Warum fangen selbsternannte **Katzenfreunde** Freigänger ein?

Die Meinungen darüber, ob Katzen hinausgelassen werden dürfen oder nicht, sind gespalten, und manche selbsternannten Katzenfreunde vertreten unbeirrbar die Haltung, die Welt sei für Katzen zu gefährlich und Samtpfoten hätten draußen nichts verloren. Die einen lassen es dabei bewenden, Welpen nicht an Leute abzugeben, die ihnen Freigang erlauben möchten, so ist es uns schon ergangen. Andere allerdings geben sich damit nicht zufrieden, sondern fangen frei laufende Katzen ein, um sie an Gleichgesinnte abzugeben oder aber bei sich zu behalten, sodass sich dann schnell zwanzig Katzen in einer Zweizimmerwohnung quälen. Glücklicherweise ist es nicht unmöglich, den Entführern auf die Spur zu kommen, denn wer so viele Katzen hat, bleibt nicht unerkannt: Er muss Futter kaufen, den Tierarzt aufsuchen, gibt vielleicht auch mal eine Katze ab. Ist die eigene Miez Opfer solcher fehlgeleiteter Tierliebe, kann man die Polizei einschalten: Es handelt sich hierbei um die „Unterschlagung einer Fundsache“. Klingt herzlos, reicht aber, um den Polizeiapparat in Gang zu setzen.

213
Halsband oder keins?

Für Freigänger ist ein Halsband mit einer Kapsel für die Telefonnummer empfehlenswert. Es sollte locker sitzen – sodass bequem mehrere Finger zwischen Halsband und Hals passen – und einen Gummieinsatz oder einen Sicherheitsverschluss haben, der sich öffnet, wenn mit einem leichten Ruck daran gezogen wird. Zwar geht es dann öfter verloren, doch kann die Katze nicht irgendwo hängen bleiben und sich strangulieren.

Die 13-jährige Schmitti, die zumindest von März bis Oktober fast nur draußen ist, hat seit Jahren ein Halsband, das sich viele Male bewährt hat: Da sie auffallend hübsch, als rot getigerte Kätzin sehr selten und nicht die Spur menschenscheu ist, wurde sie schon oft mitgenommen. Die meisten Mitnehmer dachten, sie sei verloren gegangen, dabei saß sie einfach nur vor unserer Haustür. Da sie gern etwas erlebt, lässt sie sich widerstandslos mitnehmen – sie weiß ja, dass sie wieder abgeholt wird. Das Halsband ist daher nicht nur praktisch, sondern signalisiert auch, dass sie ein Zuhause hat.

214
Treffen sich **Fuchs** und **Katze** in der Stadt?

Immer mehr Wildtiere kommen in die Stadt. Da gibt es wunderbare Parks und Gärten, Nahrung im Überfluss, es ist deutlich wärmer als auf dem Land, nämlich rund drei Grad, und, das Allerbeste, dort gibt es weder Jäger noch die Todesstrafe für tierische „Unarten“, sondern nur harmlose Städter. Das haben die Landflüchtigen schnell gelernt und ihr scheues Verhalten unbekümmert abgelegt. So kommt es, dass man mitten in Berlin am helllichten Tag einem Fuchs gegenüberstehen kann, in seiner neuen Umgebung gar nicht mehr so nachtaktiv, dass Marder im Park herumtoben, ein altes Hochhaus nicht abgerissen werden kann, weil gerade Turmfalken dort brüten. In bundesdeutschen Großstädten tummeln sich Wildschweine und Waschbären, Wildgänse, Dachse, Biber, Wanderfalken, Uhus und Seeadler, Rehe, Hirsche und sogar Luchse und verschiedenerlei Papageien. Allein in Berlin leben fünfzig Säugetier- und rund hundertdreißig Vogelarten. Die urbanen Flächen sind zu Biotopen geworden, die dank ihrer landschaftlichen und baulichen Vielfalt einen ungleich größeren Artenreichtum bieten als die überdüngten, vergifteten landwirtschaftlich genutzten Flächen. Und auch mit dem Straßenverkehr kommen die städtischen Wildtiere bestens zurecht. In der Stadt gibt es deutlich weniger tierische Verkehrstote als auf dem Land. (➔ **206**)

Für Katzen sind die Neuzugezogenen keine Gefahr. Sie kennen sich zwar, Ebenbürtige gehen sich aber lieber aus dem Weg, wissen doch beide, dass eine Konfrontation schmerzhaft und von ungewissem Ausgang wäre. Dabei sind Fuchs und Katz Konkurrenten bei der Mäusejagd, wenn auch die Katze dank ihrer Krallen erfolgreicher ist.

Da Tollwut sehr selten geworden ist, sind Wildtiere auch in dieser Hinsicht keine Gefahr mehr. (➔ **54**)

215
Jagen **Jäger** Katzen?

Immer wieder werden Haustiere von Jägern getötet, am häufigsten Katzen. Allein in Deutschland sollen jährlich Zigtausende Miezen dem Vorwurf der Wilderei zum Opfer fallen. Was kann man dagegen unternehmen?

Zum Beispiel an die Öffentlichkeit gehen: Nach einem ZDF-Beitrag über verschwundene Katzen im Herbst 2005, in dem der Kreisjägermeister von Dithmarschen freimütig schilderte, wie er den Hauskater Moritz erschossen hatte, und ankündigte auch den zweiten Kater der ihm bekannten

Familie zu töten, sobald er sich weit genug vom Haus entferne, brach ein Sturm der Entrüstung los. Wegen „persönlicher Diffamierung“ und „telefonischer Belästigung“, wie er es nannte, trat der Jäger zwei Wochen später von seinem Amt zurück. Auch der Deutsche Jagdschutzverband distanzierte sich von dem Katzenkiller und wollte angeblich prüfen, ob er seinen Jagdschein behalten dürfe. Aber leider ist er kein Einzelfall, sondern nur ungewöhnlich auskunftsfreudig.

216
Warum **erschießen** Jäger Katzen?

Die Gründe, die Jäger und ihre Lobby für die Hatz auf Katzen anführen, sprechen nicht für Sachverstand. Eine Katze im Wald generell der Wilderei zu bezichtigen, entbehrt jeder Grundlage: Mäuse und Jungratten – erste Wahl der Miez – werden nicht geschossen. Und was sonst im Magen einer Hauskatze landet, sind allenfalls Kaninchen oder eventuell mal ein Vogel – und zwar weitaus seltener, als Jäger glauben machen wollen: So haben Dennis C. Turner und Othmar Meister, seinerzeit am Zoologischen Institut der Universität Zürich-Irchel, die Ergebnisse verschiedener Studien aus der Schweiz und aus Schweden zusammengetragen und ermittelt, dass Katzen am liebsten auf Feldern und Lichtungen jagen. Nur sehr selten fanden sich in den Mägen der angeblichen Wilderer die Überreste von Waldbewohnern. Im deutschen Wald gestellte Miezen lieferten ähnliche Ergebnisse: Auch die Zoologen und Jäger Günter Heidemann und Gottfried Vauk wollten es genau wissen und untersuchten 1970 den Mageninhalt der Wilderei verdächtiger Katzen. Zutage kam, dass 49 Prozent der Mägen ausschließlich Feldbeute enthielten, die zu 93,8 Prozent aus Wühl-, Feld- und Erdmäusen und zu 6,2 Prozent aus Wald- und Zwergmäusen bestand. 30 Prozent der untersuchten Katzen hatten zusätzlich Futter aus häuslicher Quelle verputzt, nur je einmal waren Reste von Stockente und Fasan, dreimal von Kaninchen festzustellen.

217
Gibt es **Gefahren** in der **Wohnung?**

Mehr als genug: Stubentiger können sich an scharfkantigen Gegenständen verletzen, aus geöffneten Fenstern fallen, Blumenwasser mit Dünger trinken, giftige Pflanzen fressen, sich an Schlingen strangulieren oder im gekippten Fenster ersticken. Schnüre, Gummis und dünne Kabel haben auf manche Katzen eine unwiderstehliche Wirkung und werden auch gern einmal gefressen. Normalerweise scheiden sie sie einfach wieder aus, eine Verkettung unglücklicher Umstände kann allerdings im schlimmsten Fall zu Darmverschluss führen, der einen operativen Eingriff erforderlich macht. Die gleiche Gefahr birgt Lametta. Aus einer Katze sollen einst acht Meter – der komplette Baumschmuck – herausoperiert worden sein. Alles, in das sich hineinkriechen lässt, erfreut sich bei Katzen großer Beliebtheit, daher sollten Plastiktüten nicht in Reichweite sein, denn ist die Tüte klein, besteht Erstickungsgefahr. (→ **75**)

Was tun, wenn?

Praktische Tipps für Situationen, die im Leben einer jeden Katze eintreten können und die ihr Mensch zu meistern hat, finden sich hier.

218
Reist die Katze mit in den **Urlaub?**

Die wenigsten Katzen sind reiselustig, und selbst wenn die Miez Flugreise, Zug- oder Autofahrt hinter sich gebracht hat, ohne büschelweise Fell zu verlieren, kann der Aufenthalt in ungewohnter Umgebung ein Problem darstellen. Eine Freigängerin müsste erst einmal ein Revier erobern – keine Angelegenheit von drei Wochen. Besser ist es sicherlich, die

Katze in ihrer vertrauten Umgebung zu lassen, wo sie täglich ein- oder zweimal besucht und gefüttert wird. Ist niemand zur Stelle, gibt es in vielen Städten schon Angebote, auf Tauschbasis oder gegen ein geringes Entgelt seine Katze versorgen zu lassen. Die örtlichen Tierschutzvereine oder die Katzenhilfe vermitteln Kontakte, die auf gegenseitiger Hilfeleistung beruhen, und natürlich wird man im Internet fündig, wenn man zum Beispiel „Catsitter" in die Suchmaschine eingibt.

219 Wie bereitet man den **Catsitter** vor?

Natürlich sollten Miez und er sich schon mal begegnet sein. Es empfiehlt sich, eine Checkliste vorzubereiten: Wann soll was und wie viel davon gefüttert werden? Wie oft muss die Katzentoilette gereinigt werden? Welche Angewohnheiten und Eigenheiten hat die Katze? Wie ist sie zu erfreuen und womit kann man sie womöglich locken? Was ist bei Freigängern zu beachten? Auch Urlaubsadresse und Mobilnummer nicht vergessen!

Doch manche Missverständnisse lassen sich auch durch beste Vorbereitung nicht vermeiden. So habe ich unserer Catsitterin geraten, Fritzi die Tabletten in Easytabs gepresst auf ihren Ausguck zu werfen. Da kommen die anderen Katzen nicht hoch, sodass die Medizin sicher die Adressatin erreichen würde. Meistens jagte Fritzi dem Leckerbissen auch noch eifrig hinterher. Doch was sie bei uns unterhaltsam fand, empörte sie, die ohnehin nicht besonders viel übrig hat für Fremde, bei der Nachbarin zutiefst: Sie fühlte sich offenbar von Wurfgeschossen attackiert. Seitdem hat sie kein Easytab mehr angerührt.

220
Was tun, wenn ein **Notfall** eintritt?

Nicht in allen Großstädten und noch weniger in kleineren Städten gibt es eine Tierklinik oder einen Tierärztlichen Notdienst, der rund um die Uhr zu erreichen ist. Viele Tierärzte haben aber tägliche Sprechstunden, und sicherlich lohnt die Nachfrage, ob sie im Notfall außerhalb der Praxisöffnungszeiten zu erreichen sind. Auch das nächstgelegene Tierheim oder der Deutsche Tierschutzbund können mit Kontakten weiterhelfen. Tritt ein Notfall ein, sollte man keineswegs probate Mittel aus der Humanmedizin verabreichen, wenn nicht ein Tierarzt dazu geraten hat. Was Menschen hilft, kann für Katzen schädlich, wenn nicht tödlich sein. (→ **45**, **48**)

221
Was tun, wenn die Katze **nicht nach Hause** kommt?

Katzen sind Gewohnheitstiere und wenn eine Änderung in ihrer Routine eintritt (→ **38**), hat das oft genug eine Ursache. Bleibt die Katze ungewöhnlich lang weg, hat man sicher schon an ihren bevorzugten Plätzen gesucht und nachgeschaut, ob vielleicht irgendein Hindernis wie ein fremder Hund, lärmende Kinder oder eine Grillparty ihr den Weg nach Hause versperrt. Nun sollte man die Suche in allen Kellern und Garagen der näheren Umgebung starten. Wenn die Bewohner benachbarter Häuser gebeten werden aufzuschließen, erfahren sie auch gleich, dass eine Katze vermisst wird. (→ **208**) Ich habe nie erlebt, dass jemand nicht hilfsbereit war und danach nicht die Augen offen gehalten hat. Es lohnt sich daher, so viele Menschen wie möglich darauf anzusprechen, ob sie die Katze gesehen oder schon öfter beobachtet haben. Manchmal erhält man auf diesem Weg wertvolle Hinweise für die weitere Suche und auch die ein oder andere Neuigkeit über die Gewohnheiten der eigenen Katze.

222
Ist es sinnvoll, **Suchzettel** aufzuhängen?

Ja. Überraschend viele Leute, gerade jene, die selbst Tiere haben, achten auf solche Suchmeldungen. Halter freilaufender Katzen sind besonders aufmerksam, wenn eine Katze verschwindet, denn es könnte auch ihrer Miez Gefahr drohen. (➔ **210**, **211**) Der Zettel sollte ein aktuelles Foto der Katze zeigen, ihre genaue Beschreibung enthalten sowie Datum und Uhrzeit ihres Verschwindens mitteilen. Die Telefonnummer sollte mehrfach angegeben und einfach abzureißen sein.

Schmitti, die in ihrer Jugend ausgesprochen unternehmungslustig war, mussten wir öfter suchen. Meist haben vermeintliche Finder – sie saß immer nur vor der Haustür – uns anrufen können, weil sie ein Halsband mit unseren Telefonnummern trägt (➔ **213**), manchmal aber hat sie

jemand mitgenommen, um sie zu behalten. Dann fanden wir sie nur wieder, weil jemand unsere Zettel gesehen hat und sich an die hübsche rot getigerte Katze erinnern konnte. (➔ **212**)
Eine besonders dramatische Suchaktion spielte sich im tiefsten Winter ab und zu unserem großen Erstaunen nahmen Leute Anteil, die wir noch nie wahrgenommen hatten, die aber alle unsere kontaktfreudige Katze und auch uns kannten. Heute haben wir es sehr viel einfacher, wenn wir Schmitti einmal ein paar Stunden nicht gesehen haben: Wir fragen einfach einen ihrer zahlreichen Bekannten! Sie passen auch gut auf, dass sich keine fremden Personen der Katze nähern.

223
Welche **Stellen** sollten beim **Verschwinden** der Katze benachrichtigt werden?

Unbedingt sollte man die Miez im örtlichen Tierheim als vermisst melden, ebenso alle Tierärzte in der Umgebung benachrichtigen. Wird die Katze verletzt aufgefunden, ist die Wahrscheinlichkeit groß, dass man sie dort abgibt. In vielen Städten gibt es auch die Katzenhilfe oder Katzenschutzvereine, die aufgefundene Katzen aufnehmen.
Der Deutsche Tierschutzbund e. V. führt das Deutsche Haustierregister, in dem Haustiere kostenlos registriert werden können. Dazu benötigen sie entweder einen implantierten Chip oder eine Tätowierung. Tiere, die aus dem Tierheim kommen, haben eine solche Kennzeichnung, aber auch der Tierarzt kann sie vornehmen. Jedes Fundtier wird entsprechend überprüft. Eine solche Kennzeichnung soll auch gegen Diebstahl schützen. Nur fraglich, ob ein implantierter Chip so schnell zu erkennen ist.

224
Sollte man eine **Belohnung** aussetzen?

Lieber nicht. Weder hilfsbereite Menschen noch Tierfreunde werden sich erst durch eine ausgesetzte Belohnung motivieren lassen, die Umgebung ein wenig aufmerksamer zu betrachten oder einen möglichen Hinweis zu geben. Im Gegenteil, die Aussicht auf Bares könnte dazu verleiten, die Katze künftig zu entführen, um ein Finderlohn genanntes Lösegeld zu kassieren. Hunde erleiden dieses Schicksal des „Dognapping" öfter.

225
Braucht man die **Genehmigung des Vermieters**, wenn man eine Katze hält?

Der Hausbesitzer ist in Kenntnis zu setzen, wenn eine Katze einziehen soll. Das pauschale Haustierverbot, das in fast allen Mietverträgen festgehalten ist, gilt allerdings nicht mehr: Ein Mieter klagte gegen seine Hauseigentümerin, die ihm untersagen wollte, zwei Katzen zu halten. Nach mehreren Instanzen landete der Rechtsstreit beim Bundesgerichtshof, der die Klausel daraufhin aufhob. Da sie die Haltung von Ziervögeln und -fischen auch ohne Zustimmung des Vermieters erlaube, die anderer Kleintiere wie Hamster oder Kaninchen aber nicht, bestehe eine Ungleichbehandlung. Denn Tiere, die in Käfigen oder anderen Behältnissen gehalten werden, würden keine Schäden an der Mietsache verursachen, niemanden stören und zum vertragsgemäßen Gebrauch einer Wohnung gehören. Die Haltung von Katze und Hund darf der Vermieter jetzt nur noch verweigern, wenn er einen triftigen Grund nennt, irgendeine Belästigung zu erwarten ist oder eine Beeinträchtigung seiner Interessen nachweisen kann. Dazu könnte unter Umständen eine Tierhaarallergie zählen. (Aktenzeichen VIII ZR 340/06, Urteil vom 14. November 2007)

226

Kann ein **Nachbar** mit einer **Tierhaarallergie** gegen Tierhaltung klagen?

Nein. Zieht ein Allergiker in eine Mietwohnung ein und beklagt sich dann über die Katzen der Nachbarn, darf er weder die Miete mindern noch verlangen, dass die Katzen ausziehen. Ein Gericht befand, dass es sich hier um eine „individuelle Überempfindlichkeit" handele, die keinen „Mangel der Mietsache" begründe. Gleiches gelte für Hinterlassenschaften einer Katze im Treppenhaus. Sofern es sich um seltene Vorfälle handele, könnten auch daraus keine Mietminderung oder sonstigen Forderungen abgeleitet werden. (Aktenzeichen 2 C 18/07 [70], Urteil vom 8. März 2007)

227

Darf man **ohne Genehmigung** des Vermieters eine **Katzenklappe** in seine Wohnungstür einbauen?

Nein. Bei einer ungenehmigt eingebauten Katzenklappe können Miez und Mensch nicht mit allzu viel Verständnis rechnen: Verstreicht die Frist für Rückbau und Reparatur ergebnislos, muss der Mieter sogar eine fristlose Kündigung hinnehmen. Weder müsse der Hausbesitzer eine solche „optische Beeinträchtigung" akzeptieren, noch dürfe eine Katze unkontrolliert den Hausflur betreten, befand das Berliner Landgericht. (Aktenzeichen 63 S 199/04)
Da man auf die freundliche Toleranz der Mitbewohner angewiesen ist, wenn man seine Katze durchs Treppenhaus nach draußen lassen möchte, sollte man sich ohnehin mit allen Betroffenen ins Einvernehmen setzen. Schließlich müssen die Nachbarn die Katze auch hinaus- und hereinlassen.

228

Welche **Rechte** hat die Katze in der **Nachbarschaft?**

Besucht eine Katze Nachbars Garten und hinterlässt dort ihr Geschäft, muss der Betroffene dies dulden, selbst wenn Spielgeräte beschmutzt werden. Doch muss er nicht mehrere Urheber derartiger Hinterlassenschaften tolerieren, entschied das Amtsgericht Neu-Ulm. (Aktenzeichen 2 C 47/98)

Eine andere Quelle von Streit und Verdruss kann die Vorliebe mancher Katze für warme Motorhauben sein. Ein Autobesitzer wollte seine Nachbarn, deren Katze angeblich Kratzer im Lack seines Wagens verursacht habe, haften lassen. Allerdings gab es keine Zeugen, die die Angeklagte an betreffendem Tag auf dem beschädigten Auto oder auch nur in dessen Nähe gesehen hätten. Der Umstand, dass sie oft auf Motorhauben liege, reichte dem Richter nicht aus. Auch das Angebot des Autobesitzers, eine DNA-Analyse von sichergestellten Katzenhaaren machen zu lassen, um die Täterin nach allen Regeln der Kriminaltechnik zu überführen, ließ der Richter nicht gelten: Diese hätte sie auch an jedem anderen Tag verloren haben können. Für die Miez gilt das gleiche Recht wie für alle: Sie ist so lange unschuldig, bis ihre Schuld bewiesen werden kann. (Aktenzeichen 5 C 511/06, Urteil vom 30. November 2006) Im Übrigen kann eine Katzenkralle Autolack ebenso wenig zerkratzen wie ein Fingernagel. Beide bestehen aus Horn und sind daher viel zu weich.

229
Muss eine Katze **versichert** werden?

Anders als ein Hund muss eine Katze nicht selbst versichert werden, sondern eventuelle Schäden, die sie verursacht, sind in der Regel durch die Privathaftpflichtversicherung ihres Halters gedeckt. Ein Blick in den Versicherungsvertrag verschafft darüber Klarheit. Generell gilt aber, dass im Schadensfall die Täterschaft der Katze nachgewiesen werden muss. (→ **228**)

230
Die Katze **verärgert** die Nachbarschaft?

Auch wenn tierischen Angeklagten zu ihrem Recht verholfen wird, sollte es doch nie so weit kommen. Bis sich Parteien vor Gericht treffen, tobt ein Krieg in der Nachbarschaft, dessen Opfer als Erstes das Tier ist. Frei laufende Katzen sind kaum gegen Katzenhasser oder rachedurstige Nachbarn zu schützen, daher sollten ihre Menschen sich mit der Nachbarschaft möglichst gut stellen, indem sie Verständnis für tierische Verhaltensweisen schaffen, Beschwerden ernst nehmen und ihre Ursachen möglichst beseitigen. Dies lässt sich mit den Hinterlassenschaften im Treppenhaus natürlich einfacher realisieren als mit einem verbotenen Lieblingsplatz auf des Nachbars Gelände. Da hilft wohl nur diplomatisches Geschick.

231
Kann man die Katze auch hinauslassen, wenn man in einer **Etagenwohnung** lebt?

Vielleicht gibt es genügend Katzenfreunde unter den Nachbarn, denen es nichts ausmacht, wenn die Hof- oder Gartentür gelegentlich eine Weile offen steht. Oder die Katze lernt zu warten, bis jemand die Haustür öffnet. Oder man lässt sie stets zu einer bestimmten Zeit hinaus und wieder hinein. Katzen gehen einem geregelten Tagesablauf nach, dazu kann auch Freigang zu festen Zeiten gehören. Letztere beiden Möglichkeiten lassen sich allerdings nicht mit scheuen oder ängstlichen Katzen umsetzen. Sie sollten mutig genug sein, mit einer fremden Person ins Haus zu gehen, erfahren und unerschrocken, und sie sollten eine gute Orientierung besitzen, das heißt, nicht zu jung sein. In unserem Mehrfamilienhaus praktizieren mehrere „Etagenkatzen“ den geregelten Freigang erfolgreich.
Katzen, die schon älter sind und ein Leben außerhalb der Wohnung nie kennengelernt haben, können sich mit später

Freiheit nicht immer anfreunden. Sie machen vielleicht nur kleine Ausflüge, am liebsten in vertrauter menschlicher Nähe. Aber wenn man sie dann in der Sonne sitzen sieht, wie sie all die vielen Gerüche erschnuppern, die Vögel beobachten und den unbekannten Geräuschen lauschen, weiß man, dass auch beim größten Zauderer stets die Neugier überwiegt.

232
Was tun, wenn das **Geld** fürs Katzenfutter **knapp** ist?

Nach dem Vorbild der „Tafeln" für bedürftige Menschen gibt es ein Hilfsangebot an Tierhalter, denen nur ein knappes Haushaltsbudget zur Verfügung steht: Die „Tiertafel Deutschland" betreibt im Ammerland, in Brüggen, im Chiemgau, in Bad Dürkheim, Frankfurt am Main, Göttingen, Hamburg, Magdeburg, Mannheim, München, Nordenham, Rathenow, Rhinow, Schwedt, Vaterstetten und Wolfsburg bereits Ausgabestellen, und es kommen ständig neue Initiativen hinzu. Einmal wöchentlich wird das Futter kostenlos überlassen, es werden Tipps zur Haltung gegeben und Tierärzte vermittelt. Spender sind größtenteils Futtermittelhersteller, lokale Firmen, der Einzelhandel, Vereine und Privatpersonen sowie Immobilienbesitzer, die mietfrei Räume für die Ausgabe zur Verfügung stellen. Auch Geldspenden und Zubehör sind willkommen. Der Zuspruch ist riesig, in den großen Städten stehen mitunter 300 bis 400 Leute an.

Service

Wohl eine nicht geringe Zahl von Katzenhaltern wurde mehr oder weniger durch Zufall zu solchen. Plötzlich ist die Miez da – und dann ist guter Rat teuer. Auf diesen Seiten sind noch ein paar Anregungen und ein ausführliches Register zu finden.

Literatur

Grimm, Hans-Ulrich, Katzen würden Mäuse kaufen, Zsolnay, Salzburg 2007

Huhn, Anette, Katzenkrankheiten, Ulmer, Stuttgart 2006

Laukner, Anna, Katzen füttern, Ulmer, Stuttgart 2007

Leyhausen, Paul, Katzenseele. Wesen und Sozialverhalten, Franckh-Kosmos, Stuttgart 1996, 2005

Oeser, Erhard, Katze und Mensch. Die Geschichte einer Beziehung, Wissenschaftliche Buchgesellschaft, Darmstadt 2005

Reichholf, Josef H., Stadtnatur. Eine neue Heimat für Tiere und Pflanzen, Oekom, München 2007

Schär, Rosemarie, Die Hauskatze. Lebensweise und Ansprüche, Ulmer, Stuttgart 2003

Seidensticker, John/Susan Lumpkin, Cats. Smithsonian Answer Book, Smithonian Books, Washington 2004

Turner, Dennis C./Patrick Bateson (Hrsg.), Die domestizierte Katze. Eine wissenschaftliche Betrachtung ihres Verhaltens, Albert Müller Verlag, Rüschlikon-Zürich 1988

Adressen

Deutscher Tierschutzbund e. V.
Bundesgeschäftsstelle
Baumschulallee 15
53115 Bonn
Telefon 0228/60 49 60
Fax 0228/60 49 640

Deutsches Haustierregister
c/o Deutscher Tierschutzbund e. V.
Baumschulallee 15
53115 Bonn
www.deutsches-haustierregister.de
24h-Service-Telefon 0228/604 96 35
Hotline 01805/23 14 14 (14 Cent pro Min.)

TASSO e. V.
Frankfurter Straße 20
65795 Hattersheim
Telefon 06190/93 73 00
Fax 06190/93 74 00
E-Mail info@tasso.net
www.tasso.net

Tiertafel Deutschland e. V.
Semliner Chaussee 8
14712 Rathenow
Telefon 03385/49 49 65 (montags bis freitags 11–17 Uhr)
E-Mail claudia@tiertafel.de
www.tiertafel.de

Bildquellen

Die Zeichnungen fertigte Oliver Eger, Langerringen.
Titelfoto: iStockphoto / Pavel Sazonov.

Die in diesem Buch enthaltenen Empfehlungen und Angaben sind von der Autorin mit größter Sorgfalt zusammengestellt und geprüft worden. Eine Garantie für die Richtigkeit der Angaben kann aber nicht gegeben werden. Autorin und Verlag übernehmen keinerlei Haftung für Schäden und Unfälle.

Register

Die hervorgehobenen Seitenzahlen geben an, dass dieses Stichwort in einem eigenen Kapitel behandelt wird.

A

B

C

D

L

M

N

Impressum

Bibliografische Information der Deutschen Nationalbibliothek
Die Deutsche Nationalbibliothek verzeichnet diese Publikation in der Deutschen Nationalbibliografie; detaillierte bibliografische Daten sind im Internet über http://dnb.d-nb.de abrufbar.

Wollgrasweg 41
70599 Stuttgart (Hohenheim)
E-Mail: info@ulmer.de
Internet: www.ulmer.de
Lektorat: Dr. Eva-Maria Götz
Herstellung: Ulla Stammel
Umschlagentwurf: Wiebke Hengst, Ostfildern
Satz: r&p digitale medien, Leinfelden-Echterdingen
Druck und Bindung: Westermann Druck, Zwickau
Printed in Germany

ISBN 978-3-8001-5750-1